阳台小菜园

手把手教你无土阳台种菜

[日] 伊藤龙三 著

韦晓霞 译

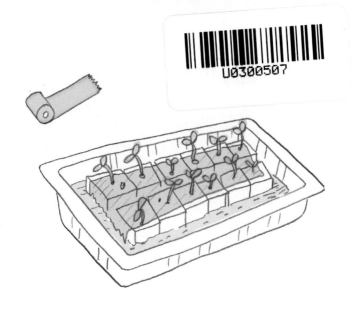

人民邮电出版社

北京

图书在版编目（CIP）数据

阳台小菜园：手把手教你无土阳台种菜／（日）伊藤龙三著；韦晓霞译. — 北京：人民邮电出版社，2020.12（2021.6 重印）
ISBN 978-7-115-54594-7

Ⅰ. ①阳… Ⅱ. ①伊… ②韦… Ⅲ. ①阳台－蔬菜园艺 Ⅳ. ①S63

中国版本图书馆CIP数据核字(2020)第147829号

版 权 声 明

内 容 提 要

　　本书是一本讲解如何轻松上手进行水耕种菜的教程。日本人气博主"懒人大爷"伊藤龙三在书中分享了他多年来在阳台水耕种植果蔬的经验。希望读者能够品尝到自己种植的果蔬，从而获得别样的乐趣。

　　本书共4章。第1章介绍了"懒人大爷"的"简单水耕栽培"；第2章讲解了简单水耕栽培的基础方法，包括4种栽培方法、海绵块育苗、防虫舱和人工光源栽培装置的制作；第3章与第4章分别讲解了常见叶菜类蔬菜和其他果蔬的水耕种植方法。本书用插图和照片细致讲解了水耕步骤，并且配有种植周期、标注了栽培要点的小便笺，以及分享经验的专栏，以帮助读者成功种植果蔬。

◆　著　　　　　[日]伊藤龙三
　　译　　　　　韦晓霞
　　责任编辑　　王雅倩
　　责任印制　　陈犇
◆　人民邮电出版社出版发行　　北京市丰台区成寿寺路11号
　　邮编　100164　电子邮件　315@ptpress.com.cn
　　网址　https://www.ptpress.com.cn
　　北京虎彩文化传播有限公司印刷
◆　开本：880×1230　1/32
　　印张：4　　　　　　　　　2020 年 12 月第 1 版
　　字数：155 千字　　　　　2021 年 6 月北京第 2 次印刷
　　著作权合同登记号　图字：01-2019-6609 号

定价：49.00 元
读者服务热线：(010)81055296　印装质量热线：(010)81055316
反盗版热线：(010)81055315
广告经营许可证：京东市监广登字 20170147 号

目 录
Contents

第3章　每天都可以尝到叶菜类蔬菜

第4章 其他果蔬的水耕栽培方法

专栏

第1章

"懒人大爷"的"简单水耕栽培"

培育与品尝　水耕栽培的乐趣所在

一开始我尝试使用土壤栽培果蔬来打造家庭菜园，结果失败了。于是，我开始尝试无须用到土壤的水耕栽培。

看着果蔬苗壮成长，我倍感欣慰。同时，我也在不知不觉中被水耕栽培的魅力俘虏。

因为我的性格本来就是属于比较懒散、怕麻烦的类型，所以我总是在想，有没有既有效率又简单、轻松的栽培方法呢？经过不断尝试，最后我找到的答案就是本书介绍的栽培方法。

你需要做的就是在一开始动手制作水耕栽培层与水耕栽培装置（也就是加工一下沥水筛或者塑料菜篮之类的东西），之后只要保证液肥的供给和每日检查就可以了。

这种栽培方法简单、易懂，谁都可以操作，而且几乎不会失败。

希望大家能够通过本书，体验栽培植物的乐趣与果蔬丰收的喜悦。

简单水耕栽培的特征

1
只需要日照充足、B5纸张大小的空间。

2
无土壤栽培。栽培叶菜类蔬菜时，甚至可以不使用含有蛭石粉或椰壳纤维等的培养基。

3
新鲜。而且还能收获无农药果蔬。

4
栽培成本低廉。栽培时使用的物品，如沥水盆、过滤网袋等均能在一般超市（译者注：原词指的是日本特有的百元店，在我国比较少见，此处为了方便读者理解，译成一般超市）买到。

5
懒人栽培法。只需要按时施肥即可，无须学习详细的果蔬栽培知识。

让我们立刻开始栽培之旅吧！

※ 本书有关发芽、移栽以及成熟天数的描述均使用下图所示图例呈现。由于栽培活动容易受到天气以及环境的影响，实际天数可能会有偏差，所以本书所示数据仅作为参考。

播种	发芽	移栽		成熟
适宜温度 15~17℃	2~3日	约10日		约60日
		↑ 从发芽到移栽所需的天数		↑ 从移栽到成熟所需的天数

散叶生菜

蔬菜短缺时的大救星

散叶生菜是生菜的一种，非常适合水耕栽培初学者种植。
我也是从栽培散叶生菜入门的。在春夏秋三季种植散叶生菜约两个月就能收获，
冬季则需要两个半月左右。生菜成熟、收获后，还会不断长出新叶。
散叶生菜的收获期能够持续三个月以上。

播种

8月15日在海绵块上播种（参照第24页）。第2天就可以看到种子长出白色的根须，并且不断地向海绵块内部生长。海绵块需要每天浇水。

根须

长出根须之后的3~4天，种子又长出了两片嫩叶。

8月27日

移栽

在海绵块播种约两周之后，嫩叶逐渐长大。这时，将长大的海绵块幼苗移栽至用沥水盆改装而成的水耕栽培层里，并倒入液肥，该步骤叫作移栽。将水耕栽培层分别放置在阳台和室内，同时用自然光源与人工光源进行照射。

9月29日

人工光源栽培

夜晚使用人工光源不间断地进行照射（参照第50~51页），菜苗的生长周期可以缩短至原来的1/2甚至2/3。在播种约35天后，这次栽培迎来了第一次收获，播种44天后又迎来了第二次收获。

左图是播种44天后第二次收获的情况。菜叶都是从6株散叶生菜的外部一片一片摘下来的。

在阳台上利用自然光源栽培的散叶生菜才长这么大。

10月4日

观察生长情况

按时补充液肥并等待一周后，自然光源下成长的散叶生菜的叶子逐渐长大。在阳台等室外栽培时，要将散叶生菜放入塑料棚内。散叶生菜能长出的叶子数量非常多，即使在炎热的夏季，其生命力依然十分旺盛。

10月8日

偶尔会出现点小毛病

随着叶子逐渐长大，液肥的消耗也变多了。有的时候，早晨补充过一次液肥，但由于日照过于强烈加剧了液肥的消耗，使补给量跟不上消耗量，散叶生菜的叶子就会没精打采地耷拉下来。这时候需要马上补充液肥。

10月9日

复活

叶子耷拉下来也不要着急，只要补充足够的液肥，2~3小时就会恢复。经过一夜，散叶生菜又会变得与之前一样精神。

10月13日

正常日照下栽培的散叶生菜成熟了

距离盛夏播种约两个月后，就到了秋天收获散叶生菜的时期。从外围成熟的大片叶子开始采摘。两个月是不使用人工光源栽培的一般收获周期。

收获了成熟的大片叶子。

10月26日

继续收获

外围的叶子在第一次收获之后又不断地长出来，都快吃不完了。经过盛夏阳光的洗礼，散叶生菜长得更旺盛了。

11月12日

收获，收获，再收获

塑料棚最上层放着散叶生菜。塑料棚几乎与天花板一样高，大约有50cm高。散叶生菜的收获期可以持续3个月以上。

将栽培层移出塑料棚，拿起沥水筛就可以看到根须紧紧缠绕在底部。园艺书籍里提到过，不要让根须在生长过程中受到压力，但现在这些茂密的根须似乎打破了这一说法。

栽培小便笺
由于散叶生菜是从最外部的叶子开始摘取的，所以据说日本古时候将它称作"摘叶莴苣"。散叶生菜存活率非常高，很适合水耕栽培。

营养小便笺
散叶生菜属于黄绿色蔬菜，它不仅含有大量的β-胡萝卜素、维生素B、维生素C，还含有丰富的钙、钾营养成分。

	播种	发芽	移栽		成熟
适宜温度 15~20℃		2~3日	约10日		约45日

芳香四溢的香菜丛林
等你来种

香菜只要顺利发芽，无论用什么栽培方法，都能长得像微型丛林一般茂密。
对喜欢吃香菜的人来说，每天能够吃到新鲜的香菜是最幸福不过的事了吧。
水耕栽培可以全年无间断培育香菜，我曾经在一年内迎来了五六次香菜大丰收。
我也试过其他各种各样的栽培方法，每一种都成功培育出了香菜。

首先给大家介绍的是育苗盆式水耕栽培法（参照第 38 页）。

2月1日

播种

在冬季进行海绵块播种（参照第 24 页）。一般一块海绵播种两粒种子即可，但由于种子放置时间比较久，所以改为每块海绵播种 4 粒种子。香菜发芽比散叶生菜慢，发芽率也不容乐观。在第 9 天终于观察到香菜发芽。

小便笺

放置 1 年以上未播种的香菜种子的发芽率会变低。播种时，建议每块海绵播种 4 粒种子。

2月9日

将海绵块幼苗移栽至育苗盆中

在种子还未长出嫩芽时就进行移栽。育苗盆底部稍做加工（参照第39页），将过滤网袋与不织布片（参照第46页）铺在沥水筛内，再把育苗盆放到上面。

放入海绵块幼苗

如图所示，将海绵块幼苗斜放入育苗盆各个小格内，再用培养基填满剩余空间，并且将海绵块覆盖住。最后把液肥注入育苗盆里。

用椰壳纤维与泥炭藓混合而成的培养基填满整个空间。

小便笺 将海绵块幼苗斜放，有利于根须的生长，而且也方便放入培养基。

2月14日

长出两个嫩芽

海绵块幼苗移栽至育苗盆中5天后长出了嫩芽。嫩芽长势旺盛，可以想象在不久的将来，这里会长出一片香菜丛林。

大约1周之后，育苗盆中长出了小苗。寒冬时节小苗竟然还有如此旺盛的生命力。

3月21日

长出小苗约1个月后，茂盛的香菜群就长成了。可以一边收获一边继续栽培。

三四天不采摘的话，香菜会越长越多。与手指对比就能看出叶子的大小。

观察生长情况

13

成熟

4月18日

4月9日

此时需要收获一部分香菜，放任其生长就会变成一片香菜丛林。我们可以一边收获一边继续栽培。

香菜大丰收

这时候还可以继续收获香菜。但是为了给其他蔬菜腾出栽培空间，要在 4 月 18 日一次性将香菜采摘完毕。把收获的香菜置于冰箱保鲜层冷藏。

香菜只要能够发芽，就会顺利生长。接下来给大家介绍更为简单的茶包式水耕栽培法（参照第 27 页）。只要将茶包幼苗移入容器就大功告成。

将海绵块幼苗移栽至茶包内，倒入液肥

9月24日

将两株海绵块幼苗放入一个茶包（参照第 27 页）内。往容器内依次铺上过滤网袋和不织布片，再将茶包整齐地放入容器内，并倒入液肥。

使用茶包的好处在于：即使容器体积很小，也可以大丰收。

10月22日

一边收获一边继续栽培

香菜的生命力很强，会不断地生长。移栽约 1 个月后，香菜就已经长得像丛林般茂盛了。接下来约 2 个月的时间，每天都可以吃到新鲜的香菜。

| 栽培小便笺 | 香菜种子的外壳比较坚硬，所以发芽需要一定的时间。但是只要香菜成功发芽，就会不断生长。香菜是水耕栽培成功率较高的香料植物之一。 | 营养小便笺 | 香菜具有强力的抗酸化作用。米纸卷香菜可是十分美味的。 |

播种　　　发芽·移栽　　　　　　　成熟

适宜温度
15~25℃　　约 10 日　　　　　　约 40 日

网纹瓜（哈密瓜的一个品种）也能种出来吗？

用平时吃完就丢的种子
种出网纹瓜

用平时吃完就丢的种子能够种出网纹瓜吗？
一年前的夏天，有人送了我一些网纹瓜。
吃完之后，我就把种子洗干净保存了起来。
现在我们就来挑战一下，看看能否用水耕栽培的方法种出网纹瓜。

4月24日

播种

4月19日，将6粒网纹瓜种子与黄瓜种子一起播种到海绵块（参照第24页）上。第5天的时候，网纹瓜种子发芽了，而黄瓜种子长出的嫩芽逐渐变绿。

将海绵块幼苗移栽至育苗盆

5月5日

播种约两周之后，将长出两个嫩芽的海绵块幼苗移栽至育苗盆（参照第38页）内。把育苗盆放入液肥盆内，并保证液肥的深度维持在1cm左右。

5月14日

选出两株长势良好的幼苗，连苗带盆整个移入底部铺有过滤网袋的容器内。

观察生长情况

6月8日

移栽

一边补充液肥一边继续栽培。6月7日幼苗开出了小花，第二天将其移栽至菜篮式水耕栽培装置（参照第41页）中。

7月17日

网纹瓜长得
有棒球大小了

网纹瓜终于长出果实了，大概有棒球那么大。虽然下边的叶子感染了白粉病，但只要保证液肥的供应，瓜藤就会慢慢往上攀爬，不断长出新的叶子。

瓜藤不断往上攀爬，长势喜人。

7月23日

初现网纹瓜的样子

播种约3个月后，果实上终于出现了网纹瓜外皮特有的网状纹路。

7月26日

另一个网纹瓜也
在茁壮生长

另一个网纹瓜也逐渐长大了。其长势十分旺盛，好像要把第一个的长势比下去一样。为了让营养集中到比较大的果实上，需要将较小的果实摘下来。

8月4日

虽然率先结果的网纹瓜瓜藤上边的叶子长势良好，但是下边的叶子感染了白粉病，已经枯萎了。由于果实还没有成熟，虽然有网纹瓜的味道，但是并不够甜。于是我就用它做了米糠酱菜，味道出乎意料地好。左图中上半部分是米糠腌黄瓜。

网纹瓜收获之后做成了米糠酱菜

8月8日

4月19日种下的网纹瓜，终于迎来了收获期。我使用菜篮式水耕栽培装置成功栽培出了网纹瓜。

网纹瓜终于成熟了

8月15日

收获

左图是自家出品且战胜了白粉病培育出来的网纹瓜。果实虽然不是很大，但是其呈现了网纹瓜特有的外貌。于是我把它从瓜藤上摘下来了。

算错切瓜的日子了

8月26日

8月15日摘下网纹瓜之后应该放置一段时间，等它慢慢散发出香味。但是过了几天，我就迫不及待把它切开了。瓜的中心部分还未熟透，甜味也比市面上出售的网纹瓜味道要淡。应该再多等几天的。

这些网纹瓜也都拿去做米糠酱菜了。

栽培小便笺　　究竟能否种出网纹瓜呢？一开始我也是半信半疑。但凡事都去尝试一把，才是水耕栽培的乐趣所在。

营养小便笺　　网纹瓜富含钾元素和维生素B。与其外表相反，网纹瓜其实是一种低热量水果。

播种	发芽	移栽		收获
适宜温度25~30℃	约5日	约45日		约130日

无辣不欢人士的心头好

辣椒的丰收狂欢!

我从去年种出的哈瓦那辣椒里取出了种子，
家住冲绳宫古岛的读者给我寄来了冲绳辣椒的种子。
这一次我尝试从种子开始栽培两种辣椒。
收获的时候，哈瓦那辣椒有 150~200 个，冲绳辣椒的数量比它更多，甚至都数不清了。

2月14日

播种

在岩棉上播种。用水将岩棉充分浸湿后，用竹扦在表面刺出一个凹洞，再把哈瓦那辣椒与冲绳辣椒的种子放入凹洞中。等到种子长出两个嫩芽再将辣椒进行移栽。从播种到移栽要花 3 个月左右的时间。

岩棉是人造矿物纤维，在水耕栽培中常常被用作播种的苗床。

移栽

选择长势最好的两株辣椒苗继续培育。左图中左边的是哈瓦那辣椒，右边的是冲绳辣椒。在从市面上买来的花盆底部多开几个小洞，然后在底部铺上过滤网袋，倒入蛭石粉后将辣椒苗移栽进去。

观察生长情况

按时补充液肥。大约一个半月后，能发现左边的哈瓦那辣椒长出了许多叶子和侧芽，还长出了几朵小花苞。右边的冲绳辣椒也长出了叶子和侧芽，但还没有长出花苞。

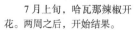

哈瓦那辣椒开花

7月上旬，哈瓦那辣椒开花。两周之后，开始结果。

8月3日

用铁丝网垃圾桶支撑

哈瓦那辣椒的枝条越长越多，果实也越长越大，这使整株辣椒苗容易倾倒。可以将整株辣椒苗连同栽培容器一起放入铁丝网垃圾桶内，用铁丝网垃圾桶支撑不断生长的枝条和果实。

冲绳辣椒开花

8月上旬，冲绳辣椒开花；两周之后，开始结果。

沐浴着夏日的阳光，冲绳辣椒越长越高，已经长到哈瓦那辣椒的两倍，约80cm高了。于是我找来花架支撑其枝条，花架底部用砖头加固。

用花架支撑

花

冲绳辣椒的花真是惹人怜爱。

8 月 28 日，第一次收获哈瓦那辣椒。采摘时，双手要戴上橡胶手套。果实颜色非常鲜艳，但我没有去尝味道。因为我吃不了辣，就将它们送人了。哈瓦那辣椒的收获期可以持续到 12 月。

哈瓦那辣椒成熟

鲜艳的橘色果实就是"辣椒之王"——哈瓦那辣椒。

9 月 19 日，第一次收获冲绳辣椒。我摘下一颗舔了一下，果然比朝天椒还要辣。我把冲绳辣椒泡入冲绳特产的泡盛酒里，做成了冲绳辣椒油。吃拉面或者炒菜的时候可以浇上一些冲绳辣椒油，味道很不错。与采摘哈瓦那辣椒不同，采摘冲绳辣椒时可以不戴橡胶手套。

冲绳辣椒成熟

10 月 14 日

第二次收获冲绳辣椒

10 月 14 日，冲绳辣椒第二次成熟。虽然只有小小的一粒，但是其辣度不容小觑。冲绳辣椒的收获期也持续了一段时间，直到新年的时候我才停止了栽培。

12 月上旬

取种

取出哈瓦那辣椒的种子，第二年就可以重新栽培。请注意，取种时一定要记得戴上橡胶手套。清洗取种使用的橡胶手套与刀时，也要戴上新的橡胶手套与口罩，避免被辣味伤到和呛到。种子的摘取、清洗与干燥方法请参照第 86 页和第 87 页的内容。

栽培小便笺

可以使用市面上出售的哈瓦那辣椒苗进行水耕栽培。只要留存好种子，下一年就可以继续栽培。哈瓦那辣椒与冲绳辣椒的收获期都可以持续相当长一段时间。

营养小便笺

辣椒有辣味是因为其中含有辣椒素，辣椒素是辣椒的主要活性成分。

适宜温度 15~17℃	播种	发芽	移栽	收获	
		2~3 日	约 90 日	约 100 日	←哈瓦那辣椒
		2~3 日	约 90 日	约 120 日	←冲绳辣椒

水耕栽培芋头

非常时期不用愁

芋头的生命力十分顽强，甚至不需要特别的照顾就能生长。
种植芋头还能收获大量的芋头茎，芋头茎是高级餐厅才会使用的珍稀食材。
有了它们，就不用为非常时期的食物发愁了。

浸液肥

从园艺市场（译者注：原词指的是日本国内的一种超市，即家庭杂货超市。这种超市同样在我国比较少见，为方便读者理解，译成园艺市场）买回来的芋头苗，即我们熟知的八头芋（译者注：日本特产的品种）。这种芋头的茎又叫作红芋梗，它与其他品种不同，本身不带涩味。芋头苗已经长出嫩芽，只需倒入液肥即可。

5月31日

移栽

芋头苗长出一片叶子之后就将它移栽至菜篮式水耕栽培装置（参照第41页）中。（左图为移栽1周后）。使用的塑料菜篮直径为20cm，高为12cm。培养基是蛭石粉与椰壳纤维的混合物。

7月5日

制作自动供水瓶

芋头苗移栽约1个月后，叶子越长越大，茎的数量也增加不少。液肥的消耗量与日俱增，沥水盆不一会儿就干透了。因此，我们需要制作一个自动供水瓶（参照第43页）。

小便笺

早上给沥水盆加满液肥的同时，也要给自动供水瓶加满液肥。

7月21日

加固

芋头苗移栽2个月后，其上半部分逐渐变重，很容易被风吹倒，需要用2块混凝土空心砖和1块红砖头加固底部的沥水盆。

9月8日

预估收获期

收获

收获的时候，芋头茎都快要撑破栽培篮了。

盛夏过去后芋头苗叶子逐渐变黄，这表明芋头即将迎来收获期。由于叶子开始枯萎了，虽然采摘还有些早，但我还是决定摘取果实。

用一个稍小的栽培篮就能收获这么多芋头茎。可能因为栽培篮高度不够，芋头产量比想象中的要少，但芋头茎却是大丰收。将它们放置5~7日，等干燥后即可长时间储存。

栽培小便笺 植物长势越好，液肥的消耗就会越多。可以在早晨与傍晚检查一下液肥是否充足。

营养小便笺 芋头富含钙、锰成分。

发芽　　移栽　　　　　　　　　收获

适宜温度 20~30℃　　　　　　　　约115日

第 2 章

简单水耕栽培的基础方法

用海绵块播种
让种子发芽

在我的水耕栽培法里，一开始都会使用海绵块来播种。海绵块育苗的优点是两天左右就能发芽，两周左右就能进行移栽。起初我挑战用轻石进行水耕栽培，但那之后又尝试了各种各样的方法。经过反复尝试，最后发现还是用海绵块进行水耕栽培最为合适。

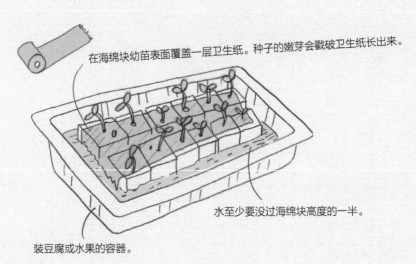

在海绵块幼苗表面覆盖一层卫生纸。种子的嫩芽会戳破卫生纸长出来。

水至少要没过海绵块高度的一半。

装豆腐或水果的容器。

海绵块幼苗的制作材料

◎蔬菜种子　◎海绵块　◎容器　◎竹扦　◎卫生纸

24

1　切割海绵块

拆除洗碗海绵的外层网袋后，将海绵切割成边长为1.5cm左右的正方体。

海绵会成为种子的苗床。

2　准备盛水容器

这里使用了装豆腐的盒子作为盛水容器，也可以使用饭盒等密闭容器。

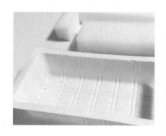

小便笺

市面上有播种使用的海绵块（边长为2.5cm的正方体）出售，也可以选择购买该款。

3　挤出海绵块内的空气

将海绵块放入容器内，倒入自来水。反复按压海绵块，直至海绵块内部的空气被完全挤出。最后注水，直至水达到海绵块高度的一半。

4　播种

在每个海绵块上放两粒种子。首先将竹扦底端浸水后粘住一粒种子，再把种子放到海绵块上。这种方法可以用来播种体积较小的种子。

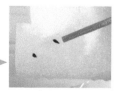

放下种子时，只需轻轻触碰一下海绵块即可。

5　覆盖一层卫生纸

先在海绵块表面铺一层卫生纸，卫生纸要完全覆盖整个海绵块。然后从海绵块上方倒水，令卫生纸整体保持湿润。在种子发芽之前，要将海绵块放在没有太阳直射的阴暗处。

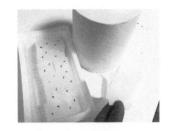

用滴管给海绵块补水，令海绵块表面保持湿润。

6　发芽后

种子发芽之后，就把海绵块移至明亮处，并保证容器内的水没过海绵块高度的一半。种子长出嫩芽之后，就把海绵块放到阳光下。大部分蔬菜种子都可以在两周内长到能够移栽的程度。

海绵块幼苗能够应用到各种栽培法中。

海绵块幼苗　　茶包式水耕栽培法　　军舰寿司式水耕栽培法　　育苗盆式水耕栽法培　　菜篮式水耕栽培法

第27页　　　　　　第34页　　　　　　第38页　　　　　　第41页

可以将海绵块培育的幼苗一分为二

当种子的发芽率过低时，就会出现可用幼苗数量不足的问题。遇到这种情况，可以将幼苗发育状况良好的海绵块一分为二，然后把没发芽的海绵块也一分为二，分别与之前的半块贴在一起合成一块，加固幼苗的苗床。

茶包式水耕栽培法
最适合叶菜类蔬菜的栽培法

种子发芽、长出两片嫩叶之后就可以移栽至水耕栽培层中。在这里，给大家介绍一下我常用的水耕栽培法之———茶包式水耕栽培法。茶包式水耕栽培法的灵感源自挂耳式咖啡，非常适合用来栽培叶菜类蔬菜。栽培过程几乎用不到培养基，所以不必担心在室内栽培会弄脏房间，而且茶包式水耕栽培法的成功率非常高，收获量也十分可观。

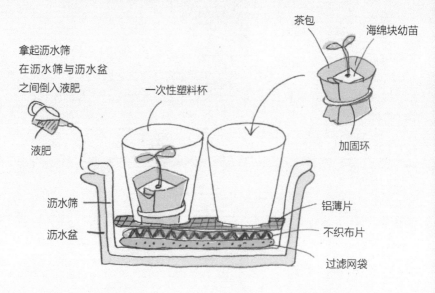

茶包式水耕栽培装置的制作材料

◎长出两片嫩叶的海绵块幼苗　◎液肥（协和培养液）
◎沥水筛和沥水盆（B5 纸张大小）◎过滤网袋
◎不织布片（不织布抹布）　◎一次性塑料杯　◎铝薄片　◎茶包

1 制作液肥

液肥通过稀释协和培养液得到。液肥适用于栽培生菜、
根茎类蔬菜、西红柿、豆类等各类蔬菜。

1 备好协和培养液

协和培养液套装包含 A 液和 B 液，稀释 500 倍后才能使用。从移栽到收获期都可以使用这个稀释比例。

2 稀释

在容器中加入 500mL 水，然后用量勺取 1mLA 液倒入水中。接着再取 1mLB 液倒入水中，均匀搅拌。最后得到稀释了 500 倍的协和培养液。

小便笺

每次可以稀释 2~3 日的分量。如果把液肥置于太阳直射区域，容易滋生青苔，所以最好将液肥置于阴暗处（如厨房的角落）保存。

2 制作水耕栽培层

制作水耕栽培层需要用到沥水盆、沥水筛、过滤网袋、不织布片、一次性塑料杯、铝薄片、马克笔以及剪刀。

1 制作液肥盆

首先准备一个沥水盆、两个过滤网袋、一片不织布片。将两个过滤网袋重叠对折两次，使其变为八层，再把它铺到沥水筛上，并覆盖上一片与沥水盆大小差不多的不织布片。

小便笺

过滤网袋的作用是代替培养基。使用不织布片能够保证水耕栽培层不受放置地地形的影响，确保液肥的供应不间断。

2 制作遮光板

遮光板的作用是遮挡阳光直射，避免液肥滋生青苔。按照沥水筛底部的大小裁剪铝薄片。

选购时可以购买背面附有一层薄海绵、表面有格子纹路的铝薄片。格子纹路的铝薄片较容易切割裁剪。

3 确定一次性塑料杯的位置

将步骤2裁剪好的铝薄片铺平放置，附有薄海绵的一面朝上。然后把沥水筛放到铝薄片上，二者对齐。最后将一次性塑料杯放入沥水筛并排列整齐，确定一次性塑料杯的位置。

小便笺

令附有薄海绵的一面朝上是为了方便下一步用马克笔做记号。

4 透过沥水筛的缝隙用马克笔做记号

拿起一次性塑料杯，在杯底原本所在位置的圆心处用细头马克笔透过沥水筛的缝隙，在铝薄片上做记号。然后用同样的方法给所有杯子的位置做记号。

5 画圆

拿开一次性塑料杯与沥水筛，用马克笔在铝薄片上以记号为圆心画圆。圆的大小与一次性塑料杯底部的大小一样。

6　裁剪圆

用剪刀把步骤 5 画好的圆剪掉。剪出 6 个圆之后，将铝薄片竖着对折，剪成两半。然后将它们一起铺到步骤 1 的沥水筛里，并检查大小是否合适。

7　倒入液肥

倒入液肥，将不织布片浸湿。为了防止滋生青苔，液肥正好没过不织布片即可。如果倒入的液肥过多，则需要把多余的分量倒出来。

将铝薄片并排铺在不织布片上。由于不织布片被液肥浸湿，所以铝薄片会紧紧贴在不织布片的表面。

如果想要偷懒……

一定会有人这么想："又要制作遮光板，又要加工一次性塑料杯，太麻烦了吧。有没有再简单一点的水耕栽培法？"这时可以用"懒人栽培层"来培育蔬菜。制作好茶包幼苗（参照第 32 页）后，将过滤网袋和不织布片铺到沥水盆或栽培容器内，

倒入液肥，然后把茶包幼苗放进去。这个方法省去了制作遮光板和加工一次性塑料杯的步骤，缺点是液肥容易滋生青苔，叶子也容易互相覆盖。但即便如此，蔬菜成熟后的收获量也依然十分可观。

只需将茶包幼苗放到沥水盆内。

也可以使用其他容器进行茶包式栽培。

③ 加工一次性塑料杯

将一次性塑料杯加工成花盆的样子，不仅可以实现密集栽培，
还能防止枝干倾倒。
此外，还能用加工产生的废弃材料做出海绵块幼苗与茶包幼苗的加固环。

1 剪掉一次性塑料杯的杯底

从距离一次性塑料杯杯底边缘 5mm 处（大部分塑料杯底部在此处会有一圈圆形的凹槽）开始裁剪，留下宽 5mm 的边缘部分，将中间的圆形部分挖空。

2 沿杯底边缘裁剪

沿着一次性塑料杯底部的边缘部分裁剪，剪下的部分为环状塑料圈，其可以用作幼苗的加固环。

3 加工一次性塑料杯与加固环

加固环可以让海绵块幼苗与茶包紧密贴合，有助于根须吸收液肥。裁剪后的一次性塑料杯与加固环上可能会出现倒刺，需要将其修剪平整。

小便笺

也可以选择园艺用的铁丝制作加固环。

④ 将海绵块幼苗置于茶包中

将海绵块幼苗放入茶包后，
用加固环加固茶包，
使茶包与海绵块幼苗紧密贴合。

1 把茶包翻过来

把茶包内层翻到外层，用筷子将其底部撑开，形成长方形。这样做能够起到稳固海绵块幼苗的作用。

使用的是小号茶包。

2 把海绵块幼苗放入茶包

用筷子夹起一个海绵块幼苗放入茶包。

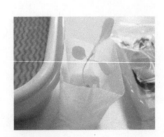

3 用加固环套紧茶包

用第 31 页中制作的加固环套紧茶包。加固环最好套在海绵块的中间位置。

海绵块幼苗与茶包紧密贴合。

⑤ 将茶包幼苗置于水耕栽培层中

终于要将茶包幼苗移栽到水耕栽培层中了。

1 把一次性塑料杯摆放在液肥盆上

将第 31 页中制作的无底塑料杯摆放到第 28 页中制作的水耕栽培层里。

2 放入茶包幼苗

将茶包幼苗放入一次性塑料杯中，使其与底部的不织布片紧密贴合。这样就完成了将茶包幼苗移栽至水耕栽培层的步骤。

上图为将茶包幼苗移栽至水耕栽培层后的样子。

3 观察生长情况

把放有茶包幼苗的水耕栽培层放到光照充足的地方，之后每天检查一次液肥的情况，保证液肥始终浸湿不织布片。右图是茶包幼苗移栽至水耕栽培层中约 1 个月后的生长情况。

补充液肥的时候只要稍微提起沥水筛即可。

军舰寿司式水耕栽培法
与青苔说再见！

自从我发现可以用一次性塑料杯与蛭石粉进行水耕栽培的那天起，就开始了与青苔之间的斗争。只要有光和水源，就不可避免地会长出青苔。我与青苔斗争了12年，终于发现了战胜青苔的方法。用这种方法制作出的幼苗外形酷似军舰寿司，于是我将其命名为"军舰寿司式水耕栽培法"。你可以把海绵块想象成寿司的饭团，把两片嫩叶想象成寿司料，而裹在外层的铝薄片就相当于海苔了。这个方法适用于所有叶菜类蔬菜的栽培。

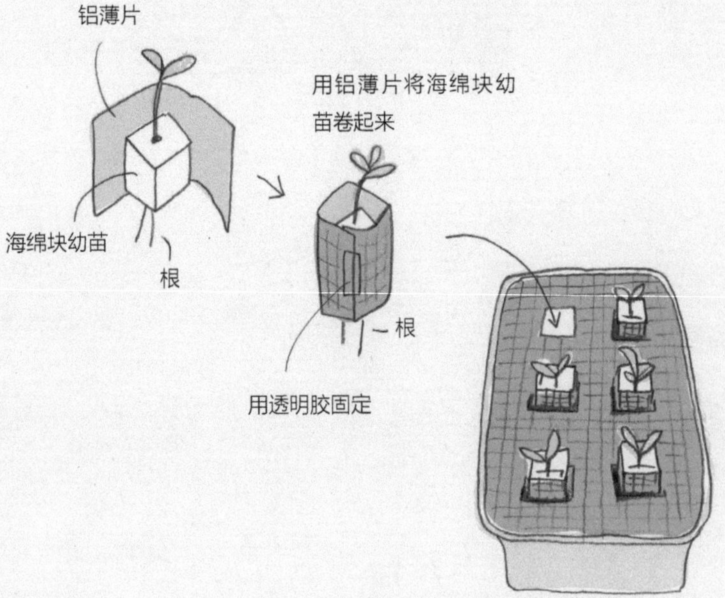

铝薄片

用铝薄片将海绵块幼苗卷起来

海绵块幼苗

根

根

用透明胶固定

军舰寿司式水耕栽培装置的制作材料

◎海绵块幼苗　◎铝薄片　◎沥水盆和沥水筛
◎过滤网袋　◎不织布片　◎透明胶

制作军舰寿司幼苗

一般使用铝薄片制作军舰寿司幼苗。军舰寿司式水耕栽培法既可以防止幼苗倾倒，又兼具遮光板的功能。为了更好地支撑幼苗，铝薄片的宽度应是海绵块边长的两倍左右。

1 裁剪铝薄片

铝薄片既能支撑幼苗，还兼具遮光板的功能。首先，将铝薄片裁剪成长 11cm、宽 5cm 的长方形。

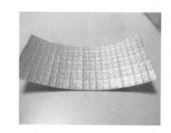

小便笺

左图所示的铝薄片是根据边长为 2.5cm 的正方体海绵块裁剪而成的。铝薄片的大小应根据海绵块的体积进行调整。

2 将海绵块幼苗卷起来

把海绵块放在铝薄片的一端上，并将其与铝薄片的底边对齐，然后用铝薄片把海绵块幼苗卷起来。

3 检查幼苗与根须的情况，然后用透明胶固定

卷好后在接口处用透明胶固定铝薄片，并检查幼苗和根须的情况。幼苗应高出并能够依靠在铝薄片的边缘，底部根须应伸出铝薄片外。

确保底部根须伸出铝薄片外。

② 制作带遮光板的液肥盆

军舰寿司式栽培需要制作专用的遮光板，用来防止青苔滋生。
通过在水耕栽培层的上方放置遮光板，将阳光反射出去，
从而达到防止青苔滋生的目的。

1 在铝薄片上做记号

裁剪铝薄片，其大小与沥水盆的盆面相同。然后在铝薄片上做6处"×"记号。6处"×"记号的位置间隔相等。

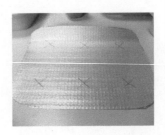

小便笺

做有"×"记号的地方就是需要裁剪并放入军舰寿司幼苗的位置。

2 裁剪

按照做好的"×"记号进行裁剪。把铝薄片对折，用剪刀或刻刀沿着"×"记号进行裁剪。

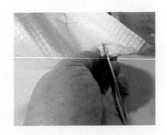

3 制作液肥盆

参照第28页"制作水耕栽培层"的步骤1，在沥水筛内依次铺上过滤网袋以及不织布片。

4 倒入液肥，盖上遮光板

倒入液肥直至浸湿不织布片，然后把遮光板盖在沥水筛上，使遮光板与沥水筛紧密贴合，并用透明胶固定接口。

5 将军舰寿司幼苗放入水耕栽培层

将第 35 页中制作好的军舰寿司幼苗放入步骤 4 做好的水耕栽培层内，同时把"×"记号处的铝薄片往遮光板下面折。

6 观察生长情况

将放有军舰寿司幼苗的水耕栽培层置于日照充足处，每日可通过沥水筛检查液肥的情况，确保液肥始终浸湿不织布片。铝薄片能防止幼苗倾倒。

小便笺

对于生长过程中叶子容易散开的蔬菜，可以在它的军舰寿司幼苗外围使用一次性塑料杯支撑。

遮光板位于底部的液肥盆的制作方法

在进行水耕栽培的前两年，我一直把遮光板放在水耕栽培层的最上层。但是经过不断摸索，我发现将遮光板放置在底层也可以达到同样的效果。这样一来，不仅制作起来更方便，还可以在室内进行栽培。

铝薄片的裁剪方法与第 36 页的步骤 1 和步骤 2 相同（铝薄片的大小也一样）。液肥盆内的液肥保持在刚好浸湿不织布片的程度，然后把铝薄片铺在不织布片上，最后将军舰寿司幼苗放入记号处。

上图为遮光板放置在底层的水耕栽培层

育苗盆式水耕栽培法
寒冷时节的水耕栽培

育苗盆式水耕栽培法是最适合在寒冷时节使用的水耕栽培法。育苗盆较容易吸收太阳光的热量，育苗盆内的培养基也能够起到给根须保温的作用。因此，即使在寒冷的季节，育苗盆幼苗的生长速度也会比茶包幼苗或军舰寿司幼苗快不少。

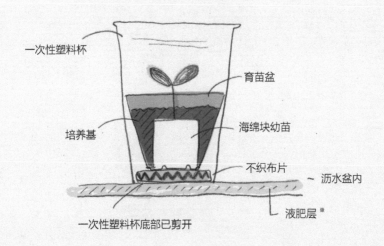

一次性塑料杯

育苗盆

培养基

海绵块幼苗

不织布片

沥水盆内

液肥层※

一次性塑料杯底部已剪开

育苗盆式水耕栽培装置的制作材料

◎海绵块幼苗　◎育苗盆　◎一次性塑料杯　◎沥水盆
◎过滤网袋　◎不织布片　◎培养基（椰壳纤维、泥炭藓）　◎遮光板

※ 液肥层包括过滤网袋与不织布片。

1　裁剪育苗盆底部

为了不阻碍根须的生长，并使其更容易吸收液肥，需要用剪刀在育苗盆底部裁剪出"×"状空隙。按照实际移栽的幼苗数量进行裁剪。

育苗盆价格便宜，可以在园艺市场或杂货店购买。

2　修剪空隙

为了方便根须吸收液肥，需要将已剪出的"×"状空隙扩大至1mm。然后将育苗盆剪成一个个小盆。

3　修剪小育苗盆的四个边角

将一次性塑料杯的底部剪去，把步骤2制作好的小育苗盆放入杯内，检查其是否能够无障碍滑落至杯底。当小育苗盆的四个边角过大，无法放进杯内时，可以剪去部分边角。

用剪刀剪去部分边角。

4　制作水耕栽培层

参照第28页的"制作水耕栽培层"的方法，在沥水筛内依次铺上过滤网袋和不织布片。然后按照杯底的大小在遮光板上挖出与杯子数量相同的洞，并将其放在不织布片上。

5 将海绵块幼苗放入 小育苗盆内

在小育苗盆底部放上一片与底部面积一样的不织布片，然后将海绵块幼苗的四边与小育苗盆的四边对齐，垂直放入小育苗盆内，再使用培养基将二者之间的空隙填满并覆盖海绵块表面，最后将整个育苗盆幼苗放入一次性塑料杯中。

检查小育苗盆底部是否触到杯底。

6 将育苗盆幼苗放入 水耕栽培层内

步骤4已经制作好了水耕栽培层，现在需要从水耕栽培层遮光板的空隙倒入液肥，使液肥刚好浸湿不织布片，然后把内置有育苗盆幼苗的一次性塑料杯放在遮光板洞的位置上。

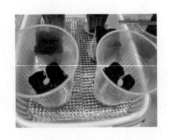

7 观察生长情况

将放有育苗盆幼苗的水耕栽培层移至日照充足处。每天检查一次液肥的消耗情况，并保证液肥始终浸湿不织布片。右图为移栽至育苗盆约一个月后的奶油生菜。

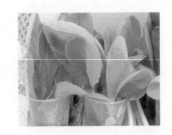

清理液肥盆

无论遮光板做得多么严实，水耕栽培层终究都会长出青苔。少量的青苔并不会令根须腐烂或者影响根须吸收营养，但是建议每半个月进行一次清理。清理水耕栽培层时，只要提起沥水筛就能进行，非常方便。清理青苔时，可以使用清水和海绵冲洗沥水盆。

从上方提起沥水筛。

将沥水盆内的青苔用清水和海绵冲洗干净。

菜篮式水耕栽培法
大株蔬菜的栽培

番茄、马铃薯、豆类等大株植物长成幼苗后，需要使用菜篮式水耕栽培装置进行种植。这个方法也适用于栽培从市面上买回来的幼苗，如果再配合自制的自动供水瓶，就可以节省浇灌液肥的工序。

将幼苗从花盆里取出，
连同土壤一起放入菜篮内。

过滤网袋

塑料瓶

培养基

将过滤网袋袋口绑紧，防止培养基漏出。由于植物在生长过程中茎秆会变粗，所以需要事先预留一定的空间，不宜捆绑过紧。

开有洞口的小型塑料菜篮　　3cm 深的培养基　　洞　　1cm 深的液肥

菜篮式水耕栽培装置与自动供水瓶的制作材料

◎幼苗　◎小型塑料菜篮（直径 10cm、高 10cm）　◎塑料瓶（500mL~2L）
◎沥水盆　◎过滤网袋　◎培养基（椰壳纤维、泥炭藓）◎液肥

菜篮式水耕栽培的幼苗移栽

对大株蔬菜，应该采用什么样的水耕栽培法呢？我首先想到的是在垃圾桶底部开一个洞，然后再把它放到液肥盆里。使用这个方法就能用水耕栽培法种植大株蔬菜。之后经过不断改良，我最终改用小型塑料菜篮来做栽培的容器。

1 制作混合培养基

首先，让椰壳纤维充分吸收水分膨胀，然后将泥炭藓压碎成小粒。最后，以1∶1的比例将这两种培养基混合均匀。

2 将培养基放入菜篮内

使用便宜的小型塑料菜篮。

将过滤网袋沿边缘剪开，使其展开成长方形的网片。把展开的过滤网袋铺在菜篮底部，并贴紧菜篮内壁，防止培养基漏出。铺好的过滤网袋应有一部分高出菜篮的边缘，然后将步骤1制作好的混合培养基放入菜篮。放入的培养基深度约3cm。

3 放入幼苗

 小便笺

用育苗盆培育的幼苗也是使用这种移栽方法。

将市面上买来的幼苗连同土壤一起从花盆中取出，放在菜篮内的混合培养基上。然后用混合培养基填满菜篮内的剩余空间。混合培养基填满至菜篮边缘即可。

4 捆绑过滤网袋，倒入液肥

为了防止培养基漏出，把高出菜篮边缘的过滤网袋以幼苗为中心聚拢，再用绳子轻轻地捆绑固定。将菜篮放入液肥盆内，然后将液肥倒入液肥盆。由于一开始幼苗会大量地吸收液肥，建议将液肥注至1cm左右深。

幼苗长大后，菜篮的手提部分可以用来支撑幼苗茎秆。

5 观察生长情况

将水耕栽培装置放于日照充足处。每天早晨和傍晚各检查一次液肥的消耗情况，若有消耗请将液肥补充至1cm左右深。

小便笺

当出现液肥消耗量激增的情况时，可以安装一个自动供水瓶。自动供水瓶的制作会在下面详细介绍。

菜篮式水耕栽培的幼苗移栽 ➡ 制作自动供水瓶 ➡ 制作零水位自动供水瓶

② 制作自动供水瓶

随着蔬菜的不断生长，液肥的消耗量也会逐渐增多，单靠液肥盆无法满足蔬菜吸收液肥的需求。自动供水瓶的制作灵感来自煤油取暖器的油罐，用这个装置就能自动补充液肥，避免出现液肥供给中断的情况。

1 在开洞处做记号

选择塑料瓶底部的一个角，在距离底部约1cm的位置，用马克笔在开洞处做记号。

2 用电烙铁或热切刀在记号处开洞

用电烙铁或热切刀在记号处开一个圆珠笔笔芯直径大小的洞。

也可以在开洞处做一个菱形的记号，然后用刻刀切割出一个菱形洞口。

3 注水测试

开好洞后把瓶盖拧紧，再用水管将水从底部洞口处注入瓶内。注入半瓶水即可。

小便笺

没有水管时，可以用手指堵住洞口，从瓶口注水，然后再把瓶盖拧紧。

4 检查洞口情况

将塑料瓶直立放入液肥盆内，检查盆内水位是否正好没过瓶底的洞口。当盆内的水被不织布片吸收后，瓶内的水就会通过洞口自动补给至盆内，使盆内的水位保持不变。

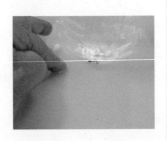

小便笺

液肥盆内水深约1cm即可，可以用手指粗略测量。洞口出水不顺畅时，可以将洞口部分扩大一些。

如何应对激增的液肥消耗？

像番茄、苦瓜、黄瓜这类蔬菜作物，不仅枝叶繁多，而且主茎会不断长高，所以生长时会消耗大量的液肥。这类蔬菜作物的生长期多为夏季，炎热的环境又加剧了液肥的消耗。因此，需要在早晨与傍晚各检查一次液肥盆，如果液肥不够就要进行补给。这时候，自动供水瓶的方便之处就显现出来了。当液肥消耗非常大时可以放置两个自动供水瓶，以确保液肥的供应。

③ 制作零水位自动供水瓶

如果把菜篮式水耕栽培装置放在阳台或者院子里，液肥表面就容易长孑孓（译者注：蚊子的幼虫）。零水位自动供水瓶就是针对这种情况做出的改良，其适用于液肥消耗量适中的蔬菜。零水位自动供水瓶的洞口要开在最接近瓶底的位置，洞口的大小与圆珠笔笔芯直径相同。

1 在液肥盆里依次铺上过滤网袋和不织布片

将过滤网袋对折成 4 层后铺在液肥盆底，然后再铺上裁剪好的不织布片。不织布片的大小与盆底大小相同。

2 在铝薄片上开洞

将铝薄片裁剪成盆的大小，并按照菜篮和塑料瓶底部的大小与位置在铝薄片上剪出两个洞。注意，塑料瓶的洞口要开在最接近瓶底的位置。

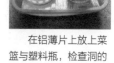

在铝薄片上放上菜篮与塑料瓶，检查洞的大小是否合适。

3 安装菜篮式水耕栽培装置与零水位自动供水瓶

放入菜篮式水耕栽培装置与零水位自动供水瓶，检查液肥供给情况是否正常。保证液肥不没过铝薄片。

如果对菜篮式水耕栽培装置与零水位自动供水瓶也采取遮光措施，就能进一步减少液肥的消耗。

保持空气与水分
充足的培养基

　　培养基用于保持植物根部的空气与水分。在我的水耕栽培里，最独特的一点就是在栽培叶菜类蔬菜时，我会使用过滤网袋和不织布片（用不织布制成的抹布）代替土壤进行种植。栽培番茄或者芋头类作物时，我会用便宜的椰壳纤维与价格较高的泥炭藓制作混合培养基。这样既能促进蔬菜生长，事后又能将它们归类至可燃垃圾 ※ 进行处理。

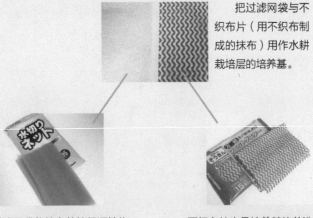

把过滤网袋与不织布片（用不织布制成的抹布）用作水耕栽培层的培养基。

　　过滤网袋能够有效地保证植物获得充足的空气与液肥。过滤网袋的网眼越细小，就越适合代替土壤进行栽培。

　　不织布片也是培养基的首选之一。有了它，即使是在高低不平的地方，也能让幼苗均匀吸收液肥。虽然我将其称为不织布片，但其实它是由不织布做成的抹布。不织布就如它的名字一样，它不是由一根一根的纱线编成的，而是通过高温或者机械等物理方法黏合制成的。

　※ 垃圾分类标准请参照各地区的分类规则。

栽培大株蔬菜时使用的培养基

椰壳纤维（棕榈丝）

椰壳纤维是使用椰子的外壳制成的园艺用纤维。其成品经过压缩，泡水可使其膨胀至压缩体积的 8 倍，是吸水性十分良好的培养基。1L 椰壳纤维售价为 35~40 日元（译者注：折合人民币 2~3 元）。几乎每个超市都有出售。

泥炭藓

泥炭藓是具有优秀保水能力和透气性的园艺用培养基，非常适合水耕栽培。泥炭藓能够储存大量液肥，而且其质地柔软，不会划伤根须。

小便笺

泥炭藓成品经过干燥处理，需要用剪刀剪碎后泡水令其膨胀。

珍珠岩

珍珠岩是将石英岩粉碎后，经过高温处理和人工膨胀制成的园艺用材料，具有轻质、透气性好的优点，适合用于栽培毛豆、四季豆等豆类作物。栽培香菜时也常会用到珍珠岩。珍珠岩一般不与其他培养基混用。

蛭石粉

蛭石粉是一种矿物质（硅酸盐矿物）原料，适用于栽培各种蔬菜，水耕栽培中也经常使用。我以前常常使用蛭石粉作为培养基，但蛭石粉容易被风吹散以致弄脏房间，所以现在我基本不使用。

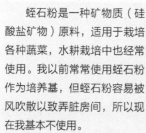

防虫舱的制作
让害虫远离蔬菜

如何防治害虫是蔬菜栽培中最让人头疼的问题。尤其是在阳台或者室外进行水耕栽培的情况下，都免不了要与害虫搏斗。我不想用农药来解决问题，于是尝试制作了一种大型防虫舱来隔离害虫。我把折叠式脏衣篓作为骨架，然后在外面罩上一层超大号的洗衣袋，这样就做成了一个防虫舱，可以通过物理手段隔离害虫。不用的时候折叠收起来即可，十分方便。

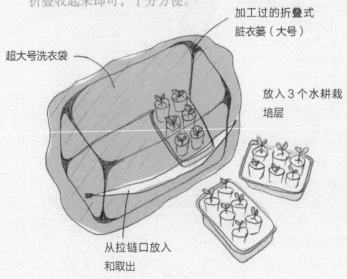

加工过的折叠式
脏衣篓（大号）

超大号洗衣袋

放入3个水耕栽
培层

从拉链口放入
和取出

防虫舱的制作材料

◎超大号洗衣袋　◎折叠式脏衣篓（大号）

1 购买洗衣袋和折叠式脏衣篓

要买能够装下折叠式脏衣篓的超大号洗衣袋。建议仔细确认洗衣袋的长宽高后再购买。

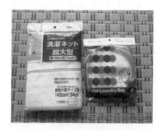

选择能够装下整个折叠式脏衣篓的超大号洗衣袋。

2 加工折叠式脏衣篓

将折叠式脏衣篓撑起来，用剪刀剪掉各面的布料，只剩下支撑架。为了防止支撑架变形，可以适当保留一些布料以维持形状。

3 把折叠式脏衣篓装进洗衣袋内

把加工过的折叠式脏衣篓装进洗衣袋内，防虫舱制作完成。

4 把水耕栽培层放入防虫舱

可以通过拉链口放入或取出水耕栽培层。这个防虫舱能够放入 3 个 B5 纸张大小的水耕栽培层。这样，无农药蔬菜栽培的准备工作就完成了。

需要拉开拉链才能看到防虫舱里面的情况。虽然有些不方便，但能有效隔绝害虫。

室内日照不足？
人工光源栽培装置来解决

在日照不充足的室内，或者是在梅雨季节进行水耕栽培时，人工光源栽培装置会成为你的得力助手。它不仅能够让你在有限的条件下进行水耕栽培，还能缩短作物的成熟周期，只需要正常日照条件下 2/3 甚至是 1/2 的时间，就可以收获作物。以前，一管植物栽培用的 LED 日光灯就要花费 2 万日元（译者注：折合人民币约 1200 元），现在只需要花 1/4 的价格就能买到。

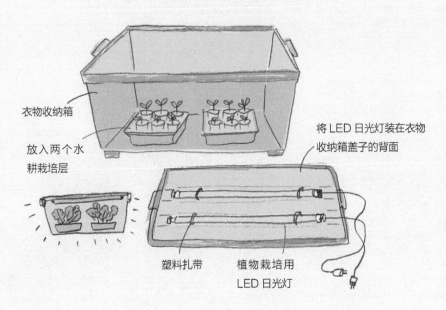

衣物收纳箱

放入两个水耕栽培层

将 LED 日光灯装在衣物收纳箱盖子的背面

塑料扎带　　植物栽培用 LED 日光灯

人工光源栽培装置的制作材料

◎植物栽培用 LED 日光灯（20W）　◎塑料扎带
◎衣物收纳箱（长 70cm、宽 37cm、高 40cm）

1 加工植物栽培用 LED 日光灯

准备一个衣物收纳箱和两管 20W 的植物栽培用 LED 日光灯。按照日光灯的长度和位置，用电烙铁在衣物收纳箱盖子的背面开洞，然后用塑料扎带固定 LED 日光灯的两端。

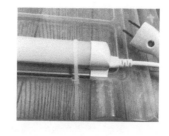

使用长 70cm、宽 37cm、高 40cm 左右的衣物收纳箱较为合适。

2 安装两管植物栽培用 LED 日光灯

如右图所示，将两管植物栽培用 LED 日光灯安装在收纳箱盖子的背面。LED 日光灯是冷光源，所以不用担心箱盖发热。

3 将水耕栽培层移入衣物收纳箱中

该尺寸的衣物收纳箱可以放入两个 B5 纸张大小的水耕栽培层，一共可以栽培 12 株生菜。

4 盖上盖子，打开 LED 日光灯

盖上盖子，插上电源，打开 LED 日光灯。为了避免形成密闭空间，盖盖子时可以留出一些缝隙，不要盖紧。

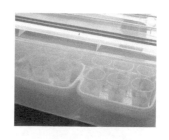

5 观察生长情况

为生菜提供一天 24 小时不间断的光照，1 个月左右其就会长成右图所示的大小。生菜成熟一般需要 2 个月左右的时间，但有时 35~40 天就能够收获。

用人工光源栽培的蔬菜也和用正常日照栽培的蔬菜一样新鲜。

人工光源栽培与正常日照栽培的区别竟然如此之大

让我们来看看人工光源栽培和正常日照栽培的区别。10 月 26 日，对移栽后的散叶生菜与奶油生菜进行人工光源栽培（军舰寿司式栽培）。11 月 8 日，即约两周后，与几乎同时移栽且用正常日照栽培的生菜（茶包式栽培）进行对比。人工光源下生长的生菜，体积是正常日照下生长的生菜体积的两倍左右。

10 月 26 日，对移栽后的散叶生菜与奶油生菜进行人工光源栽培。

两周后，将人工光源下栽培的散叶生菜（左）与正常日照下生长的散叶生菜（右）进行比较。

同样是两周后，将人工光源下栽培的奶油生菜（左）与正常日照下生长的奶油生菜（右）进行比较。

使用置物架制作人工光源栽培装置

可以将安装有 LED 日光灯的衣物收纳箱盖子固定在置物架上。衣物收纳箱既可以悬挂在置物架某一层的下方，也可以置于整个物架的上方。生长缓慢的水耕栽培层可以放置于距离光源较近的位置。

置物架每层分别安装一个人工光源。

就算 24 小时不间断地提供人工光源，也只会产生少量的电费。

第 3 章

每天都可以尝到叶菜类蔬菜

紫叶生菜

紫叶生菜不仅富含各类营养元素，而且非常适合初学者栽培。其一般在播种约2个月后就能成熟，之后的3~4个月都能不断收获新鲜的紫叶生菜。

🌱 栽培小便笺

紫叶生菜是家庭菜园中最受欢迎的蔬菜之一。它不仅一年四季均可播种栽培，而且也适合在室内栽培。夏季炎热的时候，其茎叶容易徒长（译者注：植物失去原本矮壮的形态，茎叶疯狂生长的现象），需要进行修剪。剪下来的茎叶可以加入味噌汤里，别有一番风味。

🌱 营养小便笺

生菜类蔬菜大多富含 β-胡萝卜素、维生素C和维生素E，紫叶生菜更是其中的佼佼者。

1

在海绵块上播种，等待发芽

把边长为2.5cm的正方体海绵块放在合适的容器内，并在每块海绵块上撒下两粒种子，等待发芽（参照第24页）。发芽之后，往容器里倒水，水深维持在海绵块高度一半的位置。

用水耕栽培法种植生菜时，首推种植紫叶生菜。

2

移栽至水耕栽培层

播种约两周后，嫩芽长大。接着，使用嫩芽制作6个茶包幼苗，并移栽至水耕栽培层（参照第27页）中。之后只要一直保持液肥浸湿不织布片即可。

将水耕栽培层放置于日照充足的地方。

3

迎接收获期

根据栽培季节的不同，生菜类蔬菜一般最早 50 日，最迟 3 个月就能迎来收获期。平均 2 个月左右就能够收获。

4

暂时撤掉一次性塑料杯

收获时，可以先暂时撤掉茶包外围的一次性塑料杯。一次性塑料杯底部已经事先剪掉了，这时需要用剪刀从杯口边缘垂直往下剪开杯身，然后把一次性塑料杯取出来（步骤 7 还会用到一次塑料杯，所以先暂时放在一旁）。

> **小便笺**
>
> 茶包被菜叶挤得胀鼓鼓的时候，就有必要进行间拔了。

5

间拔

收获时，从最外边的大片叶子开始，一片一片剪下。这次每个茶包内的两株紫叶生菜都长得特别茂盛，为了避免菜叶过于密集，应剪掉其中一株。用剪刀将茶包内其中一株紫叶生菜整株剪下，只留下根部。

间拔之后显得整洁了许多。

6

给所有茶包进行间拔

水耕栽培层内有 6 个茶包，对这 6 个茶包都进行间拔。

7

给间拔后的茶包套上一次性塑料杯

将之前取下的一次性塑料杯再次套回茶包上，用来支撑菜叶，防止其倾倒。

8

一边收获一边继续栽培

间拔之后的水耕栽培层看起来有点冷清，但不久之后叶子又变得茂盛起来。到时可以一边收获成熟的紫叶生菜一边继续栽培。

上图是新鲜收获的紫叶生菜。接下来还会不断迎来丰收。

9

收获与栽培

置物架的第二层是紫叶生菜。间拔约两周后，其又长得茂盛了。接下来，每天都能收获新鲜的紫叶生菜。

紫叶生菜生命力十分旺盛，菜叶都已经窜到上一层了。

庭园生菜混合包

栽培庭园生菜混合包可以一次性收获 5 种不同品种的生菜，品尝不同的口感与味道，非常划算。

栽培小便笺

庭园生菜混合包的种子袋里有 5~6 种不同的生菜种子。每种生菜的颜色和味道都不相同，栽培起来十分有趣。由于品种不同，所以每种生菜的发芽时间也有差别，有的甚至会相差 1 周。为了显得热闹一些，每个品种我都是在海绵块上撒 3 粒种子。

营养小便笺

不同品种的生菜含有不同的营养成分。食用不同种类的生菜能够充分且广泛地补充人体所需的各种营养元素。

播种	发芽	移栽	成熟
适宜温度 15~17℃	2~3日	约10日	约45日

1

播种，等待发芽，然后进行移栽

在海绵块上播种后等待种子发芽（参照第 24 页），嫩芽长大后再将其移栽至水耕栽培层（参照第 27 页）中。虽然品种不同，但是移栽的时间基本相同。

之后只要保证液肥始终浸湿不织布片即可。

2

成熟

约两个月后就能迎来生菜的收获期（左图中上层是庭园生菜混合包）。从大片叶子开始收获。只需要制作两个水耕栽培层，就能享用新鲜、美味的混合生菜沙拉了。

马诺阿生菜

马诺阿生菜，叶片薄且叶质柔软。由于菜叶边缘部分容易变色，所以在菜市场并不常见。这一次挑战自家栽培马诺阿生菜。

栽培小便笺

夏威夷原产的马诺阿生菜，球形较小，菜叶较为松散。菜叶口感清爽，多汁。

营养小便笺

马诺阿生菜富含维生素 C、钙元素、铁元素，以及大量的膳食纤维，是零胆固醇食物。

播种	发芽	移栽		成熟
适宜温度 15~17℃	> 2~3日	> 约10日		> 约45日

 1

制作海绵块幼苗，并移栽至水耕栽培层

在海绵块上播种后等待种子发芽（参照第 24 页），嫩芽长大后再将其移栽至水耕栽培层（参照第 27 页）中。之后只要一直保持液肥浸湿不织布片即可。

上图为移栽一个半月后的马诺阿生菜。这时其已经呈半结球形态。

2

成熟

马诺阿生菜成熟，菜叶边缘没有变色。从长大的外层菜叶开始摘取，然后继续栽培。

叶片有时候不结球，反而会长开。

奶油生菜

奶油生菜的菜叶呈圆形，叶质厚实，常与火腿、鸡蛋搭配食用，富含 β−胡萝卜素与多种维生素成分，营养价值很高。

栽培小便笺

我在小的时候，就经常用奶油生菜包着可乐饼一起吃。奶油生菜和可乐饼都属于我印象很深的童年味道。虽然奶油生菜被归类为结球生菜，但它一般只会在中心部分呈现出球形。

营养小便笺

奶油生菜富含维生素 A、维生素 B₁、维生素 C 等营养成分，以及钾元素。

播种	发芽	移栽	成熟
适宜温度 15~17℃	2~3日	约10日	约60日

 1

制作海绵块幼苗，
并移栽至水耕栽培层

在海绵块上播种后等待种子发芽（参照第 24 页），嫩芽长大后再将其移栽至水耕栽培层（参照第 27 页）中。之后只要一直保持液肥浸湿不织布片即可。

2

成熟

奶油生菜成熟了，菜叶都大到垂了下来。收获时，从最外部的叶片开始慢慢采摘，这样可以延长收获期。奶油生菜采摘后不宜久放，建议尽早食用。

无须土壤，就能培育出这么大片的菜叶。

绿叶生菜

绿叶生菜是我常种的生菜之一。其味道清爽、可口，且容易栽培。

栽培小便笺

绿叶生菜非常容易栽培。绿叶生菜不仅叶片大，而且叶片会卷曲起来。如果将收获的菜叶一片片展开，那么总面积会十分惊人。与散叶生菜不同的是，绿叶生菜的耐热性较差。

营养小便笺

食用 100g 绿叶生菜就能够满足人体一天所需的维生素 K 的摄入量。此外，绿叶生菜还含有大量的钾元素。

播种	发芽	移栽	成熟
适宜温度 15~17℃	2~3日	约10日	约60日

制作海绵块幼苗，并移栽至水耕栽培层

在海绵块上播种后等待种子发芽（参照第 24 页），嫩芽长大后再将其移栽至水耕栽培层（参照第 27 页）中。之后只要一直保持液肥浸湿不织布片即可。

成熟

移栽约两个月后，绿叶生菜开始进入收获期。之后可以一边采摘菜叶一边继续栽培。从左图就能看出绿叶生菜旺盛的生命力。

球生菜

说到生菜，我们一般首先想到的就是球生菜。但是水耕栽培时，球生菜不易成形。虽然种不出漂亮的球形，但是球生菜的美味毋庸置疑。

播种	发芽	移栽		成熟
适宜温度 15~17℃	2~3日	约10日		约55日

🌿 栽培小便笺

就算使用家庭菜园的花盆栽培，也很难让球生菜长成漂亮的球形。即使直接使用菜苗进行栽培，其叶片也会向四面八方生长，无法结成一个漂亮的球形。可能是因为栽培过于密集而造成球生菜无法结球。

营养小便笺

球生菜含有 95% 的水分。此外，除了含有少量的 β - 胡萝卜素、维生素 C、维生素 E 和叶酸等营养成分之外，球生菜还富含钙、钾、铁等多种矿物质元素。

1

移栽至水耕栽培层

这次使用市面上买回来的菜苗进行栽培。首先制作一个底部开有洞口的水耕栽培装置，然后使装置内液肥的深度始终保持在 1cm。

小便笺

根据菜苗的生长情况，可能会需要用到更大的栽培空间。所以栽培时没有使用平时的水耕栽培层，而是使用了空间较大的托盆或者其他容器。

2

成熟

球生菜的叶片不仅向外生长，方向也各不相同。虽然没有结成球形，但是美味不变。收获时从最外层的叶片开始采摘。

用菜刀竖着将球生菜切成两半后，可以看到其中心部分已经卷起来了。

紫散叶生菜

紫散叶生菜是散叶生菜的伙伴，其叶片呈紫红色，天气越冷颜色越鲜艳。这次使用塑料饭盒来做栽培容器。

栽培小便笺

与绿色的散叶生菜一样，紫散叶生菜具有很好的耐热性与抗寒性，且菜叶收获量大。任何一个容器都能种出左图效果。紫散叶生菜的宽大叶片与烤肉是绝配。

营养小便笺

紫散叶生菜叶片的紫红色来源于花青素。花青素是植物的主要呈色物质，属于类黄酮化合物。

 1

在海绵块上播种，等待发芽

将边长为 2.5cm 的正方体海绵块放入合适的容器内，在每个海绵块上撒两粒种子，然后等待发芽（参照第 24 页）。

小便笺

发芽之后，往容器内倒水，并使水深正好保持在海绵块高度的一半处。

 2

制作水耕栽培层

用剪刀将塑料饭盒的盖子剪出 4 个洞，这 4 个洞用于放置一次性塑料杯。这里使用的是便利店浇汁盖饭的饭盒盖（译者注：日本这类便当的饭盒比较特殊，它没有通常意义上的饭盒盖。饭盒构造是两层，上层是菜和汁，下层是米饭，只有吃的时候才会把上层的菜和汁倒入下层米饭内。为了方便理解，译为饭盒盖）。

褐色容器可以起到遮光作用，能够在一定程度上防止青苔滋生。

3

注入液肥

在塑料饭盒底部铺上8层过滤网袋，然后再将不织布片铺在过滤网袋上。过滤网袋与不织布片均裁剪得与容器底部大小相同。向塑料盒内注入液肥，使其浸湿不织布片。

放上饭盒盖，并把剪掉底部的一次性塑料杯放入饭盒盖上的4个洞中，检查一次性塑料杯底部是否接触到不织布片。

4

放入海绵块幼苗，开始栽培

确认一次性塑料杯底部能够接触到不织布片后，将茶包放入其中，并将海绵块幼苗放入茶包内。之后保证液肥始终浸湿不织布片即可。

小便笺

检查液肥情况和补充液肥时，可以把装有一次性塑料杯和幼苗的饭盒盖全部拿起来。

5

观察生长情况

虽然使用了其他容器，但是紫散叶生菜的生长情况还是和往常一样好。

6

成熟

叶片大到连一次性塑料杯都快要装不下了，却还没有呈现出紫红色，因此需要把它们放到室外日照充足的地方。3日之后叶片就会慢慢地呈现出紫红色。

小便笺

天气越寒冷，紫散叶生菜的颜色就越鲜艳。但并不是所有的叶片都会呈现出紫红色。

留下根部，再次迎来丰收！

残株的
二次栽培

收获完成熟的蔬菜之后，如果再从种子阶段开始栽培，那么就会有两个月左右的等待期。考虑到会出现蔬菜收获断层的情况，可以在收获时留下小部分根部，直接从残株阶段开始栽培，这样只需要一个月左右的时间就能再次迎来蔬菜丰收。

上图是从残株阶段开始栽培的散叶生菜。虽然是残株的二次栽培，但长势同样良好。

用茶包进行二次栽培

收获完毕后，需要留下根的部分，然后将液肥保持在浸湿不织布片的程度，直至残株长出侧芽。长出侧芽后，就将海绵块取下，把根部清洗干净再放入茶包，茶包开口处可以用细铁丝轻轻地捆绑固定。随后，在合适的容器内铺上4层过滤网袋，以及根据一次性塑料杯底部大小裁剪好洞口的不织布片。把一次性塑料杯底部挖空后，放置于不织布片的圆形洞口位置，然后把用茶包裹好的残株幼苗放入杯中。

侧芽长到上图大小后，取下海绵块并将根部清洗干净。

把幼苗放入茶包，用细铁丝系紧茶包开口处。

保证液肥浸湿不织布片，观察茶包幼苗的生长情况。

铺上过滤网袋和不织布片，放上一次性塑料杯，再将残株幼苗置于杯中。

用育苗盆进行二次栽培

　　用育苗盆移栽的生菜成熟后（下图种植的为奶油生菜，使用的是椰壳纤维与泥炭藓的混合培养基），就可以开始收获了。收获的同时要记得留下根部。然后继续保证液肥的供给，1周~10天根部就会长出侧芽。待侧芽长至2~3cm高时，就将育苗盆剪开，防止叶子互相遮挡。

　　在合适的容器内铺上4层过滤网袋，然后放上与育苗盆盆底大小一样的不织布片，最后将放有残株的育苗盆置于不织布片上。大约1个月后就能再次收获奶油生菜。

1周~10天根部就会长出侧芽。

根部长出了3棵侧芽。

奶油生菜又重新长出来了。

芹菜

芹菜的营养价值很高，但农药残留过多的问题也非常严重。使用水耕栽培法，就可以收获零农药残留的芹菜。芹菜汤也是别具一番风味。

栽培小便笺

超市里卖的芹菜是一株的分量吗？芹菜要怎么种？带着这些疑问，我开始着手栽培芹菜。还是用老方法——菜篮式水耕栽培法，结果比我想的还要顺利，我收获了许多芹菜。

营养小便笺

芹菜的茎含有许多矿物质成分和膳食纤维，叶则含有丰富的维生素。

1

分株

对芹菜幼苗进行分株。将买回来的两盆芹菜幼苗取出，掏空盆内土壤。然后把水倒入空盆内，再把幼苗放回盆内水中，抖掉附着在根部的土壤。最后把幼苗分成6株。

2

移栽至菜篮式栽培装置

虽然单株的幼苗看起来有点无精打采，但还是要将它们一株一株地移栽。在约10cm深的菜篮内铺一层过滤网袋，然后倒入约5cm深的培养基。将幼苗立于中央，再倒入约3cm深的培养基稳固幼苗。最后在液肥盆里注入约1cm深的液肥，然后将整个菜篮放入液肥盆。

培养基是椰壳纤维与泥炭藓的混合物。

3

观察生长情况

分株之后的幼苗容易倾倒，可以用一个剪去底部的一次性塑料杯支撑。约5日后，菜茎逐渐生长起来。1个月后，其根部开始呈现出芹菜的样子。

叶子也越来越多。液肥的量继续保持在1cm深左右。

4

成熟

移栽两个月后，有一株芹菜成熟了。将该芹菜连根从盆里拔出，从根部到叶尖竟然有57cm长。不用架子支撑都能如此挺拔地生长。

根须多且密集，根须泥层深达5cm。

5

一边收获一边继续栽培

其他几株芹菜也展示出了旺盛的生命力。我们可以一边收获外层的芹菜一边继续栽培，大约1周收获1次。芹菜的整体长势十分旺盛，即使摘取外层较粗的菜茎也不会影响其他芹菜的生长。芹菜的叶子也可以食用。

芹菜一开始十分柔弱，东倒西歪的小幼苗长大之后，体积竟然比两块空心砖头还要大。

6

收获可以持续半年以上

最后一次收获是在移栽幼苗半年之后。栽培芹菜不仅能在相当长一段时期内体验收获的乐趣，还不用担心栽培后收拾的问题。培养基使用的是椰壳纤维与泥炭藓的混合物，可以直接当作可燃垃圾进行处理，因此非常适合在阳台栽培。

油菜

油菜是我国最具代表性的蔬菜之一。这次我分别尝试了使用茶包与育苗盆进行栽培。

栽培小便笺

油菜不仅容易栽培，而且味道鲜美。栽培油菜时可以选择种植体积稍小的品种。B5纸张大小的栽培空间适合种植体积较小的油菜。

营养小便笺

油菜富含叶酸、钾元素、维生素C和维生素B₆等营养成分。

使用茶包进行水耕栽培（参照第27页）的方法

1

播种，等待发芽，然后移栽至水耕栽培层

在海绵块上播种后等待种子发芽（参照第24页），嫩芽长大后再将其移栽至水耕栽培层（参照第27页）中。从播种到移栽大约需要等待20日。

上图为移栽1周后的生长情况。之后只要一直保持液肥浸湿不织布片即可。

2

观察生长情况

移栽1个月后，依靠一次性塑料杯的支撑，菜叶不断地生长。

播种	发芽	移栽	成熟
适宜温度 15~30℃	2~3日	17~18日	约60日

3

收获

移栽两个月后就是收获期。由此可见，使用茶包和液肥栽培油菜的效果与使用培养基栽培油菜的效果是相同的。

由于吸收了液肥，茶包被根戳破了。

使用育苗盆进行水耕栽培（参照第38页）的方法

1

移栽至水耕栽培层

用海绵块播种（参照第24页），待嫩芽长大后将其放入育苗盆中，再将其移栽至水耕栽培层（参照第38页）中，保证液肥始终浸湿不织布片。

在边长为5cm的正方体育苗盆中栽培。

2

观察生长情况

左图为移栽1个月后的生长情况。这次使用了两种不同的培养基，但它们促进幼苗生长的效果是一样的。

小便笺

左图左边使用的培养基是 e-soil（由杉木和桧木的树皮经过特殊加工制成），左图右边使用的培养基是稻壳炭与椰壳纤维的混合物。也可以使用椰壳纤维与泥炭藓的混合物。

3

收获

移栽两个月后迎来了收获期。油菜的根部十分圆润、饱满。虽然使用育苗盆进行栽培的工作量会比使用茶包大一些，但也许它才是最适合油菜的栽培装置。

育苗盆能够有效地保证油菜根部的温度。

葱

栽培葱只需两步，一是在茶包里播种，二是保证液肥浸湿茶包。葱在室内也能进行栽培。此次分别栽培了两个品种，大葱与小葱。

栽培小便笺

小葱生长到一定程度，就会变得容易倾倒，或容易被折断。因此，栽培时需要下点功夫。可以用透明塑料袋将小葱聚集起来，防止倾倒。

营养小便笺

葱含有丰富的植物营养成分与抗氧化物质，其独特的香气来源于本身所含的蒜素。

小葱的栽培方法

1

在茶包里播种

往茶包（大号）里倒入培养基，并将培养基表面弄平整，然后撒上 12~15 粒种子。将茶包并排摆放在合适的容器内，每天浇水，使培养基表面保持湿润。

小便笺

这里使用蛭石粉作为培养基。也可以使用椰壳纤维与泥炭藓的混合物作为培养基，这样更方便栽培后进行垃圾处理。

2

移栽至水耕栽培层

为了防止青苔滋生，待葱生出嫩芽且嫩芽长到约 10cm 高时，就用铝薄片将茶包的下半部分包裹起来。铝薄片就相当于遮光板。然后把茶包幼苗并排摆放到沥水筛上，再将沥水筛放入注有液肥的沥水盆里。

之后只要保证液肥浸湿沥水筛底部即可。

3

防止倾倒

小葱会随着不断生长变得容易倾倒。为了防止小葱倾倒，可以用透明塑料袋解决这个问题。将透明塑料袋底部剪开，使其变成可以上下穿过的管状。然后将透明塑料袋套在每株小葱的葱茎处。

4

收获

待小葱长到20cm左右高时，就可以一边收获一边继续栽培。其收获期长达两个月。在收获的小葱里，最长的达到了45cm。

大葱的栽培方法

1

使用茶包（大号）进行栽培

大葱不会像小葱那样容易倾倒，所以不需要采取特殊的防倾倒措施。从播种到移栽的步骤与第70页"小葱的栽培方法"相同。

小便笺

采取了遮光措施的茶包一般不会滋生青苔，但是装有液肥的沥水盆仍然容易长出青苔。清洗时，可以将装有幼苗的沥水筛拿出，再用海绵清洗沥水盆的青苔。

2

收获

待大葱长到约30cm高时，就可以从比较粗的开始摘取收获。如果继续栽培，这些大葱甚至可以长到60cm高。

蒜苗 / 蒜薹

种植蒜苗时，只要把大蒜放到珍珠岩中浇水栽培即可。10日左右就会长出蒜苗，3~4周就能长成蒜薹。

栽培小便笺

栽培蒜苗最方便的地方就是无须使用液肥，只要浇灌自来水就能种植，还可以根据自我喜好选择收获蒜苗还是蒜薹。最短1周左右就能吃上蒜苗。

1

剥去大蒜的外皮

剥去大蒜外层的薄皮，然后把大蒜掰成一片一片的蒜瓣。放置时间稍久的大蒜也可以用于种植。

2

令蒜瓣充分湿润

将蒜瓣放入容器内，为其覆盖一层纸巾，然后浇水使纸巾湿润。之后需要令纸巾一直保持湿润状态。

小便笺

即使是放置时间非常久的大蒜，只要用水浸湿，就能恢复生机。

3

检查生根情况

约两天后，就可以看到蒜瓣的底部长出白色的根须。继续用纸巾覆盖蒜瓣，并用滴管补水，使纸巾保持湿润状态，直至蒜瓣发芽。

4

把蒜瓣埋入珍珠岩内

蒜瓣长出嫩绿的幼芽后，将它们埋入装有珍珠岩的容器内。选择一个较深的容器，然后用珍珠岩填充容器八成左右的空间，再将蒜瓣埋在珍珠岩表层。蒜瓣发芽的一端朝上，令嫩芽稍微露出珍珠岩，然后倒水使珍珠岩表面湿润。

小便笺

可以用盛豆腐的盒子作为装珍珠岩的容器。珍珠岩需要一直保持湿润状态。

5

检查生长情况

不到两日，嫩芽就会长得更高。接下来只需要保证珍珠岩表面湿润，即使在室内蒜苗也会不断生长。现在不少地方都开始把"芽子大蒜"（译者注：即处于蒜瓣生根后稍微长出点嫩芽阶段的大蒜）作为新品种售卖。

小便笺

大蒜能够依靠自身的养分生长，因此无须使用液肥，只需浇水。

6

收获

1周~10日就能收获食材——蒜苗（左图）。蒜芽长开时食用是最美味的。此外，大蒜的叶、果实、根均可食用。如果不收获继续栽培，3~4周就可以收获蒜薹。

上图为蒜薹长到40cm高的样子。蒜薹十分适合用来炒菜。

水菜

　　水菜是芥菜的一种，属于叶菜类蔬菜，一年四季都可以栽培，而且收获量非常多。水菜清脆爽口，既可以用来制作蔬菜沙拉，又可以用作火锅食材。

栽培小便笺

　　水菜与生菜同为最容易栽培的叶菜类蔬菜代表。使用非常小的容器也能种出大量水菜。冬季收获的水菜不仅菜叶柔软，而且十分美味。

营养小便笺

　　每100g水菜只含有约96J热量，是低热量蔬菜之一。水菜是富含多种维生素与矿物质营养成分的健康蔬菜，它不仅含有维生素K，还含有大量叶酸。

1

播种，等待发芽

　　把边长为2.5cm的正方体海绵块放在合适的容器内，并在每个海绵块上撒两粒种子，等待发芽（参照第24页）。发芽之后，就往容器里倒水，水深维持在海绵块高度一半的位置。

小便笺

　　约两周后，等待嫩芽长大就可以进行移栽。

2

将过滤网袋与不织布片铺在容器底部

　　把过滤网袋对折成8层铺在容器底部，然后再铺上不织布片。过滤网袋与不织布片均需要按照容器底部大小裁剪成合适的大小。过滤网袋过长时，将其过长的部分贴紧容器内壁即可。

在过滤网袋上铺一层不织布片。

倒入液肥，移栽

向容器中倒入液肥至浸湿不织布片，然后将幼苗放入茶包内，将茶包放入容器内。茶包幼苗可以放得稍微密集一些。

在容器里放入6个茶包幼苗。

用铝薄片将容器四周与底部包裹起来

为了遮光，用铝薄片将容器四周与底部包裹起来。

在容器边缘贴上标签，注明蔬菜种类、播种日期以及移栽日期等信息。

观察生长情况

水菜正如其名，只要水源（液肥）充足，就会不断生长。要一直保持液肥浸湿不织布片的状态。水菜喜光，可以将水耕栽培层置于日照充足的地方。

成熟

播种约50日后，是成熟的水菜最鲜美的时候。此时菜叶还在不断地由中心向外生长。收获时，可以先摘取大片的菜叶。水菜的收获期可以持续1~2个月。我个人比较喜欢将整个茶包的水菜一起收获。

豆瓣菜

豆瓣菜味辛且苦，但却非常适合用作点缀沙拉的食材以及配合肉类料理食用。豆瓣菜原本就生长在水边，非常适合用水耕栽培法种植。

栽培小便笺

豆瓣菜的繁殖能力非常强。由于豆瓣菜一般是横向生长，因此无须使用花盆种植。栽培时间过长，其菜叶可能会发黄，应该在其菜叶呈翠绿色时收获。

营养小便笺

豆瓣菜不仅富含蛋白质、维生素C、维生素E、锌等17种重要营养成分，还含有大量人体所需的其他营养成分。

播种	发芽	移栽		成熟
适宜温度 15~20℃	约6日	约14日		约60日

1

播种，等待发芽

把边长为2.5cm的正方体海绵块放在合适的容器内，并在每块海绵块上撒两粒种子，等待发芽（参照第24页）。发芽之后，就往容器里倒水，水深维持在海绵块高度一半的位置。

2

移栽至水耕栽培层

趁嫩芽还没长大，把每两个海绵块幼苗放入同一个茶包（大号），然后向海绵块四周倒入培养基，最后再将整个茶包移栽至水耕栽培层的沥水筛内。之后保持液肥浸湿沥水筛底部的状态即可。

培养基使用的是椰壳纤维与泥炭藓的混合物。约两个月后就可以收获豆瓣菜。

芝麻菜

芝麻菜又叫火箭生菜，意大利料理中经常会使用到芝麻菜。芝麻菜有浓郁的芝麻香，并且带有些许辣味。

栽培小便笺

芝麻菜的生长速度很快，但是其菜叶并不会长得很大。播种1个月后的新鲜芝麻菜最为美味。它也是容易栽培的蔬菜之一。

营养小便笺

每100g芝麻菜只含有约105J热量，是低热量蔬菜之一。

播种	发芽	移栽		成熟
适宜温度 15~20℃	2~3日	约10日		约30日

播种

往茶包（大号）里放入约1cm深的珍珠岩（参照第47页），再将茶包并排放入沥水盆。往每个茶包中均匀撒5~6粒种子，然后浇水，直至珍珠岩表面变得湿润。

芝麻菜种子2日左右就会发芽，5日左右就会长出2瓣嫩叶。

观察生长情况

嫩芽长大后，把水换成液肥，并保证液肥浸湿沥水筛底部。左图为播种2周后的生长情况，叶子绿油油的，非常美丽。播种1个月后是食用芝麻菜的最佳时间。

罗勒

罗勒是意大利料理中不可或缺的食材。罗勒香味独特，味微苦，生命力十分顽强。夏季种植的罗勒能长到 80cm 高以上。

栽培小便笺

罗勒是制作披萨时常用到的香料之一。使用茶包式栽培法种植罗勒基本不会失败。无论是使用海绵块幼苗，还是使用陶粒土作为培养基，罗勒的生命力都十分顽强。罗勒在不断长高的同时，其叶子也会逐渐长成手掌般大小。

营养小便笺

罗勒含有水溶性黄酮类化合物，同时它也含有多种维生素与矿物质营养成分。

播种	发芽	移栽	成熟
适宜温度 20~25℃	约10日	约14日	约40日

1

培育海绵块幼苗，移栽至水耕栽培层

培育海绵块幼苗（参照第24页），移至茶包，然后将其移栽至水耕栽培层（参照第27页）中。幼苗一半使用陶粒土栽培，一半不使用。然后确保液肥始终浸湿不织布片。

陶粒土的原材料是炭。它是水耕栽培常用到的培养基之一。

2

收获

待罗勒长到15cm左右高时，就可以开始一点一点地收获了。没有使用陶粒土栽培的罗勒长势也丝毫不落后，证明不使用培养基也可以种植罗勒。

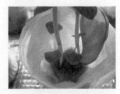

上图茶包中只有海绵块幼苗，没有放入培养基，长势同样喜人。

瑞士甜菜

无论是刚长出来的嫩叶还是成熟的大片菜叶，任何时候采摘下来的瑞士甜菜菜叶都一样美味。瑞士甜菜属于藜科蔬菜，耐暑、耐寒，极易栽培，非常适合长期种植。

栽培小便笺

瑞士甜菜最近变得非常受欢迎，很难弄到种子。其种子如米粒一般大小，有时候一粒种子会长出好几个嫩芽。一年四季均可栽培。

营养小便笺

瑞士甜菜不仅富含维生素A、维生素C、维生素E，还含有13种多酚类抗氧化物质。此外，瑞士甜菜还含有钙元素、镁元素、维生素K等营养成分。

播种	发芽	移栽	成熟
适宜温度 25~28℃	2~3日	约10日	约30日

播种，等待发芽，然后移栽至水耕栽培层

在海绵块上播种，等待发芽（参照第24页）。嫩芽长大后，就将其移栽至水耕栽培层（参照第27页）中。然后确保液肥始终浸湿不织布片。

小便笺

瑞士甜菜的种子的发芽时间不一致，建议播种两周之后再进行移栽。

观察生长情况

瑞士甜菜是较为有名的观赏蔬菜，栽培的同时也可以用于观赏。大株的瑞士甜菜与生菜一样，收获时先摘取外围的大片叶子，这样可以保证较长的一段收获期。成熟的瑞士甜菜叶质会变得硬脆一些。

小便笺

左图为幼苗移栽1个月后，这时进入收获期。这时瑞士甜菜刚刚成熟，叶质柔软，味道、口感均为最佳。

柠檬香蜂草

柠檬香蜂草因香味似柠檬而得此名。它被认为是不老、长寿的秘药。其移栽需要花上一些时间，之后便会茁壮生长。

栽培小便笺

柠檬香蜂草喜欢阳光，但不能接受阳光直射，因此推荐在室内窗边栽培。柠檬香蜂草耐寒，冬天依旧生长旺盛。液肥不足会使柠檬香蜂草的叶子变硬，这一点需要特别注意。

播种	发芽	移栽		成熟
适宜温度 15~20℃	2~7日 >	约20日 >		约70日 >

1

播种，等待发芽

把边长为2.5cm的正方体海绵块放在合适的容器内，并在每个海绵块上撒两粒种子，等待发芽（参照第24页。这里选用的是密闭容器）。发芽之后，保持容器里的水深维持在海绵块高度一半的位置。

小便笺

与生菜不同，柠檬香蜂草发芽需要一定时间。可以将密闭容器的盖子稍微打开一些，以调节容器内温度。容器应放置在暖和的地方，避免阳光直射。

2

移栽

把幼苗放入茶包。在容器内依次铺上过滤网袋和不织布片后，将茶包移栽至容器内（参照第74页）。之后只要一直保持液肥浸湿不织布片即可。70日后幼苗就会长成茁壮的柠檬香蜂草。

小便笺

等嫩芽长大之后再进行移栽。容器的外侧用铝薄片裹住以遮光。

菊苣

　　菊苣是对人体消化系统有益的蔬菜，在欧洲十分受欢迎。菊苣有许多种类，这次种植的是包含了 13 种菊苣品种的混合种子包。

栽培小便笺

　　栽培混合种子包时，最好为每株菊苣预留长宽高 30cm 的生长空间。但是这一次我尝试挑战只预留出 1/10，即长宽高 3cm 的生长空间。将菊苣放置于阴凉处，避免阳光直射。

营养小便笺

　　菊苣含有丰富的膳食纤维——菊糖。

播种	发芽	移栽	成熟
适宜温度 15~25℃	2~3日	约20日	约60日

1

等待发芽，移栽

　　在海绵块上播种，等待发芽（参照第24页）。嫩芽长大后，就将其移栽至育苗盆（参照第38页）中。培养基使用的是椰壳纤维与泥炭藓的混合物。

保证液肥浸湿育苗盆底部。

2

成熟

　　虽然是密集栽培，但是成熟的菊苣菜叶依然非常大。菊苣可以直接做沙拉生食。菊苣的有益营养成分多集中于根部，烹饪时建议连带根部一起处理。

空心菜

空心菜是最适合用来炒菜的中国蔬菜之一。空心菜十分耐热，夏季种植时，它会成为夏季补充维生素与矿物质营养成分的重要途径。

播种	发芽	移栽		成熟
适宜温度 20~30℃	2~3日	约20日		约50日

栽培小便笺

空心菜是亚洲热带地区原产蔬菜，耐高温、耐湿。但是相反地，空心菜耐寒能力十分差，10℃以下就会枯萎。栽培空心菜时，最忌讳中断液肥供给。只要保证液肥供给，它就会不断生长。它的茎呈中空状态，因此而得名。

营养小便笺

空心菜富含维生素B，并且能够有效补充由于出汗而流失的矿物质营养成分。空心菜是炎热夏季的必备蔬菜。

1

播种，等待发芽

把边长为2.5cm的正方体海绵块放在合适的容器内，并在每个海绵块上撒1粒种子，等待发芽（参照第24页）。发芽之后，保持容器里的水深维持在海绵块高度一半的位置。

在每个海绵块上撒1粒种子。

2

移栽至水耕栽培层

嫩芽长大之后，将海绵块幼苗放入茶包并移栽至水耕栽培层（参照第27页）中。保证液肥浸湿不织布片。待长到20~30cm高时就可以收获了。

小便笺

这里分别使用育苗盆（左图左侧水耕栽培层，参照第28页）以及茶包（左图右侧水耕栽培层，参照第25页）进行栽培。空心菜不耐寒，需要在温暖的地方栽培。

紫芥菜

紫芥菜是芥菜的一种，其菜叶与水菜一样呈锯齿状。紫芥菜与生菜一起制作蔬菜沙拉时，它的辣味是一种十分特别的点缀。

栽培小便笺

在炎热的夏季也可以进行紫芥菜的播种和栽培。生食紫芥菜摄入的纤维素较少，不推荐。待它长至20cm左右高时为最佳食用时间。紫芥菜生长速度很快，播种约1个月后就可以收获。

营养小便笺

紫芥菜富含 β – 胡萝卜素以及维生素C，属于黄绿色蔬菜。此外，其还含有大量的钾元素。

播种	发芽	移栽		成熟
适宜温度15~25℃	2~3日	约15日		约30日

播种，等待发芽

把边长为2.5cm的正方体海绵块放在合适的容器内，并在每个海绵块上撒两粒种子，等待发芽（参照第24页）。发芽之后，保持容器里的水深维持在海绵块高度一半的位置。

移栽至水耕栽培层

嫩芽长大之后，将海绵块幼苗放入茶包并移栽至水耕栽培层（参照第27页）中。之后只要保证液肥始终浸湿不织布片即可。

小便笺

紫芥菜长到20cm高时，叶质最为柔软。

辣芥

辣芥是芥菜的变种，具有较为刺激的辣味。辣芥是维生素与矿物质营养成分的宝库。由于辣芥带有刺激性味道，一般很少遭受虫害，非常适合栽培。

栽培小便笺

辣芥带有刺激性味道，害虫一般不会靠近。辣芥生长速度很快，与生菜一样，非常适合栽培。在夏季，辣芥有时会出现疯长的情况，需要进行整株收获。冬季时，只需要摘取少量叶片即可。

营养小便笺

辣芥的辣味来源于它所含的芥子油。此外，辣芥还富含 β−胡萝卜素以及多种维生素。

播种	发芽	移栽		成熟
适宜温度 15~25℃	2~3日	约20日		约75日

1

培育海绵块幼苗，并移栽至水耕栽培层

在海绵块上播种，等待发芽（参照第24页）。嫩芽长大后，就将其移栽至水耕栽培层（参照第27页）中。然后确保液肥始终浸湿不织布片。

上图为一次性塑料杯中的茶包幼苗。由于没有使用培养基，所以茶包幼苗十分干净。

2

观察生长情况

一次性塑料杯用于支撑菜叶，防止密集种植使菜叶承受重压而倾倒。待辣芥长至30cm高时就可以收获了。

第 4 章

其他果蔬的水耕栽培方法

番茄

此次一共栽培了 4 种番茄，其中包括市面上出售的 1 种番茄，以及去年收获后取种保存的 3 个品种。以下介绍"葡萄型"番茄的栽培方法。

栽培小便笺

一般人栽培普通番茄时会摘取侧芽，而我栽培时反而会保留侧芽，并且会分成好几株种植。待番茄的植株高度生长到与梯子的高度相同时就可以收获了。虽然番茄体积小，但是数量非常多。

营养小便笺

番茄是一种低热量蔬菜，且富含维生素 C、维生素 E、番茄红素等物质。

1

留下一个番茄

一般番茄都是整袋售卖的。买到成熟的美味番茄时，可以留下一个用于取种。这里使用一个番茄来取种。

2

取种

将番茄切开后留下一半，再用勺子挖出种子部分。

需要使用半个番茄来取种。一般大小的番茄取种时只需要 1/4 的量。

播种	发芽	移盆	移栽	成熟
适宜温度 20~30℃	3~7日	约20日	约30日	约45日

3

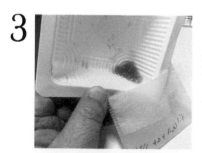

把种子倒入茶包

把从番茄里挖出的种子连带汁液一起倒入茶包。给不同品种的番茄取种时，可以在茶包上注明番茄的种类与形状等信息。

4

清洗种子

往茶包里注入自来水，清洗种子外层的薄膜。种子外层的薄膜会阻碍种子发芽，需要清洗干净。清洗时注意不要把种子冲洗掉。

尽量只保留种子。

5

干燥

把放有种子的茶包夹在报纸里放置一晚，让报纸吸收茶包的水分。第二天就可以直接在海绵块上播种，或者让种子完全干燥后保留到下一年使用。

6

播种

把边长为2.5cm的正方体海绵块放在合适的容器内，然后播种（参照第24页）。在每个海绵块上撒1粒种子。发芽之后，保持容器里的水深维持在海绵块高度一半的位置。

7

播种去年的种子

今年也播种了去年保存下来的 3 个品种的番茄的种子。播种方法与第 87 页的步骤 6 相同。

上图为去年结成串的番茄。

8

观察生长情况

番茄种子约 3~7 日就会发芽。左图中间的容器里的是步骤 1 的番茄的种子，左右容器里的为去年保存下来的种子。可以看到左右容器里种子的发芽速度比中间容器里种子的发芽速度慢。

在盆内倒入温水后，再把容器放入盆内，使其漂浮在温水上。这样能够加快种子的发芽速度与嫩芽的生长速度（参照第 125 页）。

（参照第 125 页）

小便笺

培养基是用椰壳纤维与泥炭藓按照 1 : 1 的比例混合而成的。

9

移栽至育苗盆

大约 20 日嫩芽就会长大，这时就将幼苗移栽到育苗盆中。在育苗盆底部裁剪出空隙（参照第 39 页），再在底部铺上不织布片，然后倒入约 1cm 深的培养基。

（参照第 39 页）

10

移栽幼苗，安装液肥盆

把幼苗移入育苗盆，再用培养基将幼苗根部周围的空间填满，用于支撑幼苗。往液肥盆里注入 1cm 深的液肥，然后放入育苗盆。之后只需要保证液肥供给即可。

尽量把放有育苗盆的液肥盆置于日照充足的温暖处。

11

移栽至栽培容器内

播种约两个月后，待幼苗长到15~20cm高时，就将它移栽至菜篮式水耕栽培装置（参照第41页）进行种植。在高5cm的液肥盆中倒入1cm深的液肥，然后把菜篮放入液肥盆。

小便笺

菜篮式水耕栽培装置中使用的培养基也是用椰壳纤维与泥炭藓按照1:1的比例混合而成的。

12

设置支架

移栽的同时，也需要给幼苗设置一个支架。可以在幼苗上方悬挂一根管子用于支撑，这样既整洁又美观。

13

结果

移栽1个月后，结出了许多黄绿色的果实。左图为步骤1的番茄的种子种出的果实，长势良好。

两周之后，果实变红，可以收获了。

14

安装自动供水瓶

液肥消耗速度变快时，可以安装一个自动供水瓶（参照第43页）。每当液肥盆的水位下降时，自动供水瓶就会自动补给。

15

体验收获的乐趣

将幼苗移栽入菜篮式水耕栽培装置约两个半月后，4株幼苗全部成熟。

夏天时，每天都能采摘新鲜的番茄。

专栏

从番茄混合杯（10种）到番茄大丰收！

取种后保存。

第二年的栽培收获了很多番茄，而且收获期还没有结束。

买回市面上出售的10种番茄的混合礼包，然后取出每种番茄的种子，在茶包上注明番茄的形状与种类等信息。把这些种子保存到第二年进行播种。10种不同的番茄种子中，有8个品种的番茄发芽了，并且收获了各种各样的番茄果实。黑色的番茄是叫作"黑番茄"的品种。

甜辣椒

甜辣椒是辣椒家族的一员，几乎没有辣味是它的特征。其极易成活，每天都能采摘新鲜果实。其适合夏季栽培，可以享受不间断收获的乐趣。

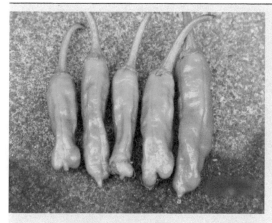

栽培小便笺

成株的甜辣椒有一定高度，需要准备稍大的菜篮进行栽培。一旦其枝叶过于茂盛，侧芽不断生长，就会加剧液肥的消耗。当其枝叶长得过于茂盛时可以修剪部分侧芽，并放置在阴凉处通风缓苗。

营养小便笺

虽然甜辣椒几乎没有辣味，但其仍然含有辣椒素。此外，甜辣椒还含有大量的维生素C。

移栽 ＞ 成熟

约60日

1

移栽幼苗

甜辣椒的育苗时间较长，建议直接从幼苗阶段开始栽培。把市面上售卖的幼苗从育苗盆取出，然后移栽至菜篮式水耕栽培装置中（参照第42页）。培养基使用椰壳纤维与泥炭藓的混合物。

> **小便笺**
>
> 把菜篮放入倒有1cm深液肥的液肥盆，然后将其置于日照充足的地方。

2

观察生长情况

随着甜辣椒不断生长，液肥的消耗量也与日俱增，需要每天检查液肥的情况并及时补给。约两个月后就能迎来第一次收获，之后几乎每天都可以采摘新鲜的甜辣椒。

甜辣椒开花2~3周后就是收获期。

迷你卷心菜

虽然是迷你版的卷心菜，但是其重量不容小觑。我推荐在虫害问题较少的秋季进行迷你卷心菜的播种。

栽培小便笺

使用盛有1cm深液肥的液肥盆进行迷你卷心菜的栽培。栽培时，迷你卷心菜外围的叶子会伸展开，需要为叶子预留一定的生长空间。把幼苗从花盆中取出，然后用不织布片代替培养基，将幼苗包裹起来进行栽培。值得一提的是，使用这样的栽培方法与使用培养基栽培出来的迷你卷心菜并无太大差距。

营养小便笺

迷你卷心菜含有维生素U和膳食纤维。

把幼苗移栽至菜篮式水耕栽培装置中

购买幼苗后，将其移栽至菜篮式水耕栽培装置（参照第42页）中。培养基使用椰壳纤维与泥炭藓的混合物。右图5株幼苗中，只有1株没有使用培养基，而是使用不织布片包裹幼苗根部进行栽培。

可以在园艺市场购买迷你卷心菜的幼苗。购买时选择叶色较深的幼苗。

与青虫抗战

移栽1个月后幼苗就长成了左图所示的大小。室外栽培时，会有青虫啃食菜叶。一旦发现青虫，就要立刻把它们消灭。尤其需要注意不要让青虫进入菜心部位。

3

检查菜叶卷曲情况

大约3个月菜叶就会开始变卷。水耕栽培时，有时会出现菜叶没有卷起来的现象。不过无须担心，只要继续栽培，菜叶就会逐渐卷起来。

一开始菜叶就像上图一样散开，没有卷起来，但最后还是卷了起来。

4

把水耕栽培装置放到温暖的地方

菜篮式水耕栽培装置并不保温，所以尽量把它放到远离风口的温暖地方。

5

努力让每一片菜叶都享受到阳光

随着迷你卷心菜不断长大，其生长空间不断被压缩，有时甚至会出现菜叶互相遮挡的情况，这时就需要我们想一些办法。可以加大液肥的量，也可以将其移栽到更大的栽培容器中，努力让每一片菜叶都享受到阳光的照耀。

随着菜叶增多，结球部分越来越重。这时，支撑结球的茎就会变得弯曲，但是仍然不会妨碍它生长。

6

收获

大约4个月就能收获。使用不织布片代替培养基栽培出来的迷你卷心菜也丝毫不逊色。

小便笺

切开迷你卷心菜后，就能看到结球部分的菜叶如左图般卷起来。

秋葵

秋葵丝毫不惧怕夏季的高温。它的收获期长达3个月，还会开出美丽的花朵。

栽培小便笺

我原本以为秋葵无法用水耕栽培法来种植，但没想到竟然栽培成功了。看到它开出黄色小花时，我真是倍感欣慰。它的花凋落之后就会长出豆荚，豆荚成熟后就变成秋葵了。

营养小便笺

秋葵黏液的主要成分是果胶。

1

将幼苗移栽至水耕栽培装置

购买秋葵幼苗后，把它们分成3株，然后移栽至水耕栽培装置（参照第42页）中，并安装零水位自动供水瓶（参照第45页）。培养基使用椰壳纤维与泥炭藓按照1∶1的比例混合而成。

小便笺

这次使用3个3号观赏植物用花盆来代替菜篮，需要把它们放入B5纸张大小的液肥盆内。

2

检查开花情况

移栽1个月后的一天早晨，秋葵开出了一朵小花，但小花第二天就凋落了。花凋落后留下了豆荚，豆荚成熟之后变成秋葵。花凋落约1周后就迎来了收获。

上图是花凋落后留下的豆荚，已经呈现出秋葵的形状了。

移栽 ——————→ 成熟

约50日

3

收获

　　秋葵的收获期可达3个月以上。要趁着果实柔软的时候收获。

小便笺

秋葵在12~13cm长时最美味。

4

增加零水位自动供水瓶

　　液肥消耗激增，补给赶不上消耗时，可以再增加一个零水位自动供水瓶。

5

享受收获的乐趣

　　秋葵收获期的高峰出现在第一次成熟的两个月后。这时可以看到侧芽不断长出来，并且开出小花、结出许多秋葵。如果想收集秋葵的种子，就选择一个较粗的秋葵，绑上麻绳做记号，以免收获错误。

6

取种

　　过了两周左右，做了记号的秋葵变得很硬。这时只要剥开豆荚，取出种子即可。

收集黑色的种子并保存。

苦瓜

苦瓜特有的苦味是它的魅力之一。我们可以用苦瓜与苹果一起榨汁，也可以用苦瓜炒豆腐。苦瓜是种植绿色攀爬植物时的最佳选择之一，这次我们尝试用水耕栽培法种植苦瓜。

栽培小便笺

虽然几乎没有人会选用水耕栽培法种植苦瓜，但是在我家，每年夏天都会用水耕栽培法种植苦瓜。方法是把苦瓜幼苗分别放入4个小篮子里，然后用冷藏袋代替土壤，再往冷藏袋里倒入液肥。

营养小便笺

苦瓜的维生素C含量远远高于其他蔬菜与水果，而且苦瓜里的维生素即使加热烹调也不会受到损害。此外，苦瓜还含有丰富的钙、铁成分。

1

播种

首先，在育苗盆底部裁剪出空隙（参照第39页），并且把过滤网袋铺在育苗盆内。然后倒入培养基至八成满，放入种子后，在种子上铺一层1cm左右深的培养基。最后，将育苗盆放入倒有1cm左右深的水的盆内。

保持盆内水位不变，3周左右，播种的4个育苗盆中的种子全部发芽。

2

培育幼苗

长出瓜苗之后，就把盆内的水换成液肥，盆内液肥同样也是保持1cm左右深。播种约1个月后，瓜苗就能长到左图中的大小。

	播种	发芽	移栽		成熟
适宜温度 25℃以上		约20日	约20日		约80日

3

移栽，并放入冷藏袋

待瓜藤长到能够攀爬时，就把它们移栽到菜篮式水耕栽培装置（参照第42页）中，架起爬藤网。然后把水耕栽培装置放入冷藏袋（参照第116页），向冷藏袋中倒入1cm深的液肥，再把瓜苗挂上爬藤网。

小便笺

尽量绷紧爬藤网，这样不仅有助于瓜藤攀爬，还能防止叶子生长过密，预防瓜苗染上白粉病。

4

注意液肥的消耗情况

瓜藤不断生长、攀爬，长到像一副绿色窗帘时，液肥的消耗也会随之增加。遇到这种情况时，只要将冷藏袋内的液肥加深至3~4cm即可。如果液肥的补给还是赶不上消耗，可以安装一个自动供水瓶（参照第43页）。

小便笺

移栽约1个月后，瓜藤就会开花，结出稍小的苦瓜果实。

5

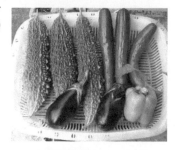

收获

待果实外皮的绿色逐渐变深，表面的颗粒凸起越来越明显时，就到了收获的时候。收获的苦瓜长度一般在20cm左右。苦瓜成熟之后，外皮会逐渐发黄，种子周围颜色会变红，果肉也会慢慢变软，建议及时收获。

专栏

青皮菜瓜的栽培

与种植苦瓜一样，把青皮菜瓜的幼苗移栽到水耕栽培装置中，然后放入冷藏袋中培育。我栽培时会架一个爬藤网让瓜苗攀爬，但通常情况下是让瓜苗在地面蔓延。

收获了圆滚滚的青皮菜瓜（上图最右）。

南瓜

南瓜被誉为维生素的宝库。利用水耕栽培法也可以种出新鲜的南瓜。只要采用立体式栽培，就能在阳台上种出南瓜。

栽培小便笺

关于水耕栽培法能否种出南瓜，我们来做一个试验。由于没有供瓜藤攀爬的空间，我们只好把南瓜种在塑料棚的上层，让瓜藤自然下垂。种出来的南瓜体积虽然偏小，但一样美味。

营养小便笺

南瓜富含 β-胡萝卜素及维生素C。

1

把南瓜幼苗盆浸入液肥

使用市面上售卖的南瓜幼苗进行栽培。市面上售卖的南瓜幼苗一般是长出了四五片叶子的状态，所以买回来后需要立即进行移栽。无法及时进行移栽时，把南瓜幼苗盆浸入液肥即可。

2

制作水耕栽培盆

对塑料花盆进行加工，将其制作成水耕栽培盆。为了使植物更好地吸收液肥，以及保证良好的通风，需要在花盆底部、花盆侧面接近底部处，用电烙铁切割一些小洞。也可以使用热切刀进行切割。

在制作好的水耕栽培盆内铺上过滤网袋，然后倒入培养基，放入幼苗。之后再用培养基填满幼苗周围的空间。

3

把水耕栽培盆放入液肥盆

向液肥盆内倒入1cm左右深的液肥，再放入步骤2制作好的水耕栽培盆。左图中右侧水耕栽培盆的培养基是珍珠岩（参照第47页），左侧水耕栽培盆的培养基是椰壳纤维与蛭石粉的混合物。

> **小便笺**
>
> 南瓜喜光，尽量将它放置于阳台或者庭院的日照充足处进行栽培。

4

使南瓜瓜藤自然下垂

南瓜瓜藤会自然地往地面攀爬、延伸。一般家庭的种植空间有限，在种南瓜时通常会采用立体式栽培法。把装有南瓜幼苗的水耕栽培盆放在置物架上层，使瓜藤向地面自然下垂。只要注意不要让叶子生长得过于密集，就能防止瓜藤染上白粉病。

> **小便笺**
>
> 南瓜生长会消耗大量液肥，使用自动供水瓶可以使栽培事半功倍。

5

授粉

可以如左图那样等待蜜蜂授粉，但如果是阳台种植，建议进行人工授粉。雌花开花后，将雄花的花瓣全部摘掉，然后把花瓣放到雌花柱头上摩擦。

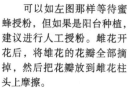

雌花的下面有上图所示的小果实（雄花没有）。花瓣下半部分会膨胀也是雌花的特征之一。

6

收获

南瓜花的花蒂变白、变硬时，就到了收获的时候。收获的南瓜重400g左右。

甜豌豆

　　甜豌豆的整个豆荚都可以食用，是许多料理常用的蔬菜之一。如果家里有围栏且正好位于向阳处，可以使用立体式栽培法种植甜豌豆。

栽培小便笺

　　由于种植空间不足，甜豌豆的根无法在地上生长，于是我就考虑采用无须地面空间的空中栽培法来种植。豆荚厚实的甜豌豆用盐水煮熟，再配上一杯啤酒，简直就是至高的享受。

营养小便笺

　　甜豌豆的整个豆荚都可以食用，因此，除了蛋白质、β–胡萝卜素、维生素B和维生素C等营养成分以外，吃甜豌豆时我们还能同时摄取钾元素以及膳食纤维。

播种的准备

　　在合适的容器中放入甜豌豆的种子，并且在种子上洒一些水。然后在种子上铺一层纸巾，3~4日后，种子就会长出根须。

放入液肥盆内

　　首先，往茶包里倒入3~4cm深的培养基。然后将种子根须朝下，放入茶包内，每个茶包放入4粒种子。最后，再用培养基覆盖种子。将播种完成的茶包放入装有液肥的沥水筛内，并排列整齐。液肥维持在1cm深。

　　之后就直接使用沥水盆来栽培。可以使用椰壳纤维与泥炭藓的混合物作为培养基。

播种	发芽	移栽		成熟
适宜温度 18~20℃	3~4日	约15日		约60日

把幼苗放入罐装啤酒的塑料手提架内

待幼苗长到第100页右下图中大小时，就可以用铝薄片把茶包下半部分，即幼苗的根部包裹起来，为其遮光。然后准备一些罐装啤酒的塑料手提架，在塑料手提架每个啤酒罐的位置放入4个茶包幼苗，再将塑料手架浸入液肥盆。

把幼苗放入塑料手提架内，然后把塑料手提架浸入液肥盆。

挂起幼苗

幼苗的生长势头十分旺盛。趁幼苗还未长得太高，将它们连同整个塑料手架与液肥盆一起装入透明塑料袋里，然后用S形挂钩把透明塑料袋挂起来，并放置于日照充足处。

等到长出藤蔓，可以挂上种植苦瓜时使用的爬藤网，供藤蔓攀爬。

成熟

移栽约两个月后，藤蔓长得比围栏还要高。这时，我们就能收获大量甜豌豆了。

专栏

在啤酒罐底部打几个用于甜豌豆吸收液肥的小洞。

在啤酒罐里面放入茶包，倒入培养基。

把塑料瓶纵切成两半，用作液肥盆。

用啤酒罐栽培甜豌豆

把啤酒罐的拉环以及上方的圆形铝片剪掉，并且在啤酒罐底部打几个小洞。然后，在啤酒罐里面放入茶包，倒入培养基并放入已经长出根须的种子。最后，再倒入培养基，将其覆盖在种子上面。左侧第三张图使用2L的塑料瓶作为液肥盆。之后的步骤与上述的步骤4一样。

四季豆

栽培四季豆只需 B5 纸张大小左右的空间。即使是狭窄的空间，也足够我们栽培 30 株四季豆。一般四季豆能够收获 3~4 次，但有时我甚至可以收获 7 次之多。

栽培小便笺

水耕栽培四季豆时，可以使用珍珠岩作为培养基。使用珍珠岩的优点是幼苗易成活，且栽培环境清洁。发芽之后的四季豆长势非常惊人，仿佛就是现实版的《杰克与豆茎》。

营养小便笺

四季豆是富含多种维生素以及矿物质营养成分的健康蔬菜。它含有人体所需的 9 种氨基酸，而且属于低热量蔬菜。

播种，等待发芽

往茶包中倒入珍珠岩，然后往每个茶包里放入两粒种子，最后再倒入珍珠岩覆盖种子。接着把茶包放入沥水盆，并且往盆中注水，直至表层的珍珠岩完全湿润。把整个沥水盆放在向阳的窗台处等待种子发芽。左图为播种两日后种子的生长情况。

珍珠岩的分量为 50 ~ 60mL。可以使用装乳酸菌饮料的小塑料瓶作为量筒，往每个茶包里倒入等量的珍珠岩。

根须的养护

如果根须长出来之后裸露在空气中，就用珍珠岩覆盖住根须。也可以挖出一个凹处，根须朝下，把种子放入凹处。

播种	发芽	成熟
适宜温度 20~25℃	2~3日	约60日

把水换成液肥

　　10日左右，会长出幼苗，这时把水换成液肥，并且使液肥的量保持在1cm左右深。左图是发芽后第15日的生长情况。在小小的B5纸张大小空间内，栽培了30株四季豆幼苗。

检查花朵和豆荚

　　幼苗的叶子生长得逐渐茂密，花苞也开出了花朵。从盛开的花朵中，长出了四季豆的豆荚。再过10日左右，豆荚就会长到10cm以上长。此时就是四季豆的最佳收获期。

把水耕栽培层放置在窗台上时，就好像挂上了一副绿色窗帘。爬藤网可以在一般超市购入。

收获

　　播种约两个月后，四季豆成熟了。

收获6次后停止栽培。上图是每次收获四季豆的数量。

专栏

收获6次后停止栽培。

8月6日，又长出了新的四季豆的豆荚。

停止栽培之后还能再次收获

　　6月16日最后一次收获后，停止四季豆的栽培。但由于残株上长出了侧芽，于是我就向沥水盆中继续倒入液肥，并把残株浸入液肥。结果没想到，残株开花了，8月上旬又结出了四季豆的豆荚。

毛豆

露天栽培毛豆需要花 3 个月，水耕栽培只需要花 2 个月左右的时间就能在饭桌上享用新鲜的毛豆。毛豆是还没有成熟的大豆，所以千万不要错过收获的时机哦。

栽培小便笺

从市面上买回 20 株毛豆的豆苗，再把它们移栽到茶包中，然后用椰壳纤维与蛭石粉的混合培养基填满茶包内的空隙。水耕栽培毛豆时，需要消耗大量的液肥，注意液肥的补给频率。

营养小便笺

毛豆是未成熟的大豆，含有蛋白质、类脂、维生素以及矿物质营养成分。

移栽	成熟

约 60 日

1

放入水耕栽培层

往大号的茶包内倒入 1cm 深的培养基，然后将买回来的幼苗从盆里拔出，连带土壤一起放入茶包。最后再倒入培养基，直至培养基完全覆盖土壤。

小便笺

把塑料篮放入装有液肥的沥水盆内，然后再把茶包幼苗排列在塑料篮内。保证液肥有 1cm 深。

2

制作支撑物

等到豆茎与叶子长大后，需要用厚纸皮制作一个支撑物，防止枝条下垂。剪出一个长方形的厚纸皮，使其高度正好可以支撑幼苗、长度正好能够绕水耕栽培盆一圈。最后用厚纸皮把水耕栽培盆裹起来，再用透明胶固定接口处。

约两个月后就能收获毛豆。记得要在豆荚鼓起来之前收获。

芜菁

芜菁的栽培方法有些特别，需要在沥水盆里铺上培养基，然后在茶包内栽培。虽然栽培空间不大，但仍然能种植出美味的芜菁。

栽培小便笺

一般使用椰壳纤维与蛭石粉的混合物作为培养基栽培芜菁。栽培时，往塑料杯里倒入培养基至海绵块幼苗高度的一半处即可。栽培芜菁时，使用B5纸张大小的沥水盆，盆内一次性种植12株芜菁。也许是因为植株过于密集，有几株芜菁在收获时体积较小。虽然芜菁大小不一，但芜菁叶却是大丰收，用来煮味噌汤是个不错的选择。

营养小便笺

芜菁根部富含酵素，也就是淀粉酶。此外，芜菁的叶子还含有 β - 胡萝卜素、维生素C等营养成分。

播种	发芽	移栽		成熟
适宜温度 20~25℃	2~3日	约20日		约60日

1

把幼苗放入水耕栽培层

首先，在沥水筛上铺一层过滤网袋。然后再倒入5mm深的培养基。接着把挖掉底部的塑料杯放入稍大一点的茶包中，再将海绵块幼苗（参照第24页）放入杯中，用培养基填满海绵块幼苗周围的空隙。

小便笺

把塑料杯放入茶包，可以增加水耕栽培层内的植株数量。幼苗的根须会在沥水筛的培养基内生长。

2

收获

只要保证液肥一直浸湿培养基，移栽幼苗约两个月后就能收获。芜菁根部还紧贴着海绵块，根须就是从海绵块里生长出来的。收获的芜菁直径大约是6cm。

从上方往下看，芜菁茂密的叶子把整个水耕栽培层遮住了。芜菁的叶子不仅富含各种营养成分，而且十分美味。

土豆

在厨房的角落里发现了一个长出芽的土豆，于是我把它作为种子，用水耕栽培法种植土豆。一般来说，种植土豆要100天才能收获，但是水耕栽培却可以提前收获。

栽培小便笺

在厨房的菜篮里发现了一个有点蔫还长出芽的土豆，于是我就在思考怎么样用水耕栽培法种植土豆。以下是我第一次试验的记录。

营养小便笺

土豆含有许多即使高温加热也不容易受到损坏的维生素C，以及钾元素。相同分量土豆的热量只有米饭的一半，因此它是非常受欢迎的健康主食。

1　把发芽的土豆种在水耕栽培装置里

首先，制作一个菜篮式水耕栽培装置（参照第41页），向其中倒满培养基。然后在培养基中央挖一个洞，种下发芽的土豆。最后把整个装置放入装有液肥的盆里。土豆长出三四个芽也不要紧。

用培养基覆盖土豆，只留出芽的部分。

2　等待叶子生长

保证盆里的液肥维持在1cm深。10日左右就会长出叶子。再等待2周左右，叶子长大后就可以移栽了。

3

移植

　　我把土豆苗移植到了透气性良好的废旧牛仔裤中继续栽培。首先，把牛仔裤裤裆5cm以下的裤腿部分剪掉，再把裤管缝合起来。然后往牛仔裤中倒入培养基至裤裆以上5cm处即可。最后放入土豆苗，再继续倒入培养基，直至培养基覆盖住根部。

假如使用的水耕栽培装置体积够大，也可以直接栽培，无须移植。

4

立支架

　　叶子变得茂盛后，就会容易被风吹倒。这时，需要立一个支架支撑或者用席子围住以防风。不久之后，就会看见土豆苗开出花朵。

土豆逐渐长大，有时会露出培养基表面。这时，取适量的培养基覆盖即可。

5

预估收获期

　　花和叶子都开始枯萎时就是收获期。种下土豆约70日后，可以挖开部分培养基，检查土豆是否成熟。如果还没有成熟，可以把培养基再覆盖上去继续栽培。

6

收获

　　移植后第80天迎来土豆的收获。大的土豆直径达10cm以上。较小的土豆可以用来水煮或者炒制。

收获时，先把整株土豆挖出来，再用剪刀剪掉连接土豆的茎，注意不要剪到土豆。

男爵土豆（面土豆）与五月皇后土豆（脆土豆）

只要有培养基，我们就能用水耕栽培法种植不同品种的土豆。这次我选择口感软糯的男爵土豆，以及不容易煮烂、口感较脆的五月皇后土豆进行栽培。

栽培小便笺

栽培土豆无须买种子，使用平常吃的土豆即可。假如土豆体积较小，就把发芽一端向上放置。较大的土豆可以切成两半，然后把切口处在阳光下放半天消毒。男爵土豆与五月皇后土豆是两个口感不同的品种，同时种植就会拥有两种不同的享受。

营养小便笺

土豆不仅富含维生素C、钾元素，还含有大量的果胶膳食纤维。

播种适宜温度 20~25℃　移栽 >　成熟 > 约60日

1

使用菜篮式水耕栽培法种植

与种植一般土豆（参照第106页）一样，既可以用发芽的土豆做种子，也可以购买市面上的土豆幼苗播种。待幼苗长出叶子后，就把它移栽至菜篮式水耕栽培装置（参照第41页）中。培养基使用椰壳纤维与泥炭藓的混合物。

收获

等土豆开花、叶子落尽后，就可以收获了。左图是五月皇后土豆。可以看到这株幼苗长出了许多椭圆形的土豆（本页最上部分图中是呈圆形的男爵土豆）。

小便笺

首先，往水耕栽培装置内倒入3cm左右深的培养基。然后放入土豆种子。最后再倒入培养基使其覆盖土豆种子。

2

等到叶子枯萎，不再吸收液肥时，就是收获土豆的时候。

西兰苔

西兰苔不仅花蕾可以食用，茎也可以食用，它非常容易成活，只要避开盛夏时节，都可以成功栽培。

移栽 > 成熟
50~60日

栽培小便笺

使用市面上售卖的幼苗进行西兰苔的栽培。西兰苔在生长过程中会逐渐变得"头重脚轻"，所以需要仔细加固底部。西兰苔看起来似乎并不适合用水耕栽培法种植，但凡事都应该尝试一下。

营养小便笺

西兰苔不仅含有比柠檬多一倍的维生素C，还含有丰富的矿物质营养成分。西兰苔的茎与叶也含有许多营养成分，水煮食用是不错的选择。

 1

移栽

把幼苗移栽至水耕栽培装置（参照第41页）中。左图是市面上售卖的花盆，我已经事先用电烙铁在花盆底部和侧面开了一些小洞。培养基使用的是椰壳纤维与泥炭藓的混合物。液肥同样是保持在1cm左右深。

为了增加侧面的花蕾，待主枝花蕾长到1元硬币大小时将其剪掉。

2

成熟

移栽50~60日后，待西兰苔长到20cm左右高时就可以收获了。如果错过收获期，西兰苔就会开花，味道就不如之前美味了。西兰苔的收获期能持续将近3个月。

小便笺

收获时只要留下西兰苔根部以及根部的两片叶子，不久之后就会长出许多侧芽。这样就会收获更多的西兰苔。

小花椰菜

小花椰菜基本都是秋季开始栽培，春季收获。从播种到收获通常需要 4~5 个月。小花椰菜既可以凉拌、焯水食用，也可以浇上蛋黄酱做成沙拉食用。

播种	发芽	移栽	成熟
适宜温度 15~30℃	2~3日	约15日	150~170日

栽培小便笺

这次挑战用水耕栽培法种植小花椰菜。虽然比露天种植时间久，但是看到它们开出白色花蕾时，我觉得十分欣慰。

营养小便笺

小花椰菜含有大量的维生素 C，食用 100g 就能摄取人体一天所需的维生素 C 量。就算经过高温烹煮，小花椰菜中的维生素 C 也几乎不会受损。小花椰菜中 β-胡萝卜素的含量只有总营养成分的 1/50，因此花蕾颜色很淡，属于浅色蔬菜。

1

移栽

在海绵块（参照第 24 页）上播种，两周左右幼苗就会长出两个嫩芽。待嫩芽长大后就移栽到育苗盆（参照第 38 页）内，之后再移植至菜篮式水耕栽培装置（参照第 41 页）中。培养基使用椰壳纤维与泥炭藓的混合物。

小便笺

记住先在沥水盆里倒入 1cm 深的液肥。

2

成熟

液肥不足，小花椰菜的花蕾就长不大，所以要时刻保证液肥充足。花蕾长到 10cm 左右时就可以收获了。如果错过最佳收获期，花蕾之间就会出现缝隙，会影响花椰菜的食用口感。

移栽 4 个月后，结出第一朵白色花蕾。

小西瓜

说到夏天，一定少不了清爽多汁的西瓜。西瓜喜高温、干燥，需要在日照充足的地方栽培。

移栽 ——————————————> 成熟

约90日

栽培小便笺

使用市面上买回来的西瓜幼苗进行栽培。由于腾不出栽培空间，于是我就在种植番茄的塑料棚上搭上木板，把栽培西瓜的菜篮式水耕栽培装置放在木板上，让瓜藤在木板上攀爬。能否用水耕栽培法种出西瓜，我心里没有底，所以看到结出西瓜时，着实吓了一跳。

营养小便笺

西瓜是低热量水果，而且其主要成分是水分。此外，西瓜还富含番茄红素。

1

移栽

把市面上买回来的西瓜幼苗移栽至菜篮式水耕栽培装置（参照第41页）中。移栽之前，要把幼苗浸在液肥盆里。液肥盆里的液肥维持在1cm深。

小便笺

在阳台栽培时，推荐进行人工授粉（参照第99页）。西瓜的花到了中午就会闭合，建议在上午时段进行授粉。

2

注意不要让瓜藤断掉

由于腾不出栽培空间，于是我采用立体式栽培法种植西瓜。在种植番茄的塑料棚上搭上木板，然后把栽培西瓜的菜篮式水耕栽培装置放在木板上。为了防止因西瓜过重而扯断瓜藤，可以将西瓜装在网袋内吊起来。

移栽后大约3个月就能收获了。收获的西瓜重约500g。

小胡萝卜

水耕栽培小胡萝卜时，会相当花时间。但生长中的小胡萝卜其实
是非常好的观赏植物，我们可以一边观赏，一边耐心地等待它成熟。

栽培小便笺

从播种到发芽这个阶段，需
要耐心地等待。第一次栽培小胡萝
卜时，我没能等到它发芽，中途就
放弃了。直到我发现从种子里冒出
绿丝时，才惊觉它发芽了。

营养小便笺

小胡萝卜含有大量的 β－胡萝
卜素，被称为黄绿色蔬菜的国王。

1

播种，等待发芽

在海绵块（参照第24页）
上播种，等待发芽。发芽之
后，就把整个海绵块幼苗放入
容器内，再覆盖上培养基。等
叶子长到3cm左右长时就进行
移栽。移栽前用水栽培，移栽
后改用液肥栽培。

小便笺

小胡萝卜从播种到
发芽需要 10 日到 1 个
月不等，所以耐心等待
很重要。这里使用的培
养基是蛭石粉，也可以
使用椰壳纤维与泥炭藓
的混合物作为培养基。

2

制作栽培盆，然后进行移植

把容积为1L的两个容器
垂直叠放在一起，制作成一个
双层栽培盆。然后在两个容器
的底部以及四个底角开一些利
于幼苗吸收液肥的小洞，并倒
入培养基。在上层容器放入9
个海绵块幼苗后，再倒入培养
基使其覆盖海绵块。

小便笺

上层容器倒入 10cm
深的培养基，下层容器
倒入 2cm 深的培养基。

播种	发芽	移栽	成熟
适宜温度 15~25℃	10日~1个月	20~40日	80~100日

等待叶子生长

把叠放在一起的两个容器放入液肥盆，液肥盆内的液肥维持在1cm深。小胡萝卜的叶子会长到大约50cm长，不断生长的叶子就像竹林一般，一派生机盎然。

叶尖变色就是成熟的信号

播种两个半月到三个月，叶子越长越茂密，叶尖部位开始逐渐变黄，此现象就是小胡萝卜成熟的信号。小胡萝卜的叶子也可以食用，尽早在叶子没有完全变色之前收获。

拔出一株检查一下

可以先拔出一株小胡萝卜，检查一下是否成熟。收获之后，取下海绵块，洗净培养基即可。

专栏

直接播种法

栽培小胡萝卜时，我们也可以使用免育苗、免移栽的直接播种法。使用直接播种法时，需要准备一个较深的容器，然后在容器底部开出小洞，再在内侧铺上一层过滤网袋，最后往容器内倒满培养基。播种时，就可以将种子直接撒在培养基表层。初期往液肥盆里倒入水，叶子的长度长到3cm以上时，就把水改成液肥。

可以直接在培养基上播种。

茄子

茄子十分适合水耕栽培，所以这一次我尝试种植了长茄、矮茄及泉州水茄（日本产）3个品种。到了夏季，我们就能收获新鲜的茄子了。

栽培小便笺

我在网上没有搜到茄子的水耕栽培法，于是就试着把垃圾桶改装成大一号的水耕栽培装置来种植茄子。我没想到种植茄子会消耗这么多液肥，但总算是成功栽培出了茄子。

营养小便笺

茄子是夏季的时令蔬菜，富含一种叫作"茄色甙"的多酚类色素。

1

移栽

水茄、长茄及矮茄的幼苗都是从市面上买回来的。水茄和长茄的幼苗已经开出了一朵小花。首先，往花盆里倒入一半椰壳纤维与蛭石粉的混合培养基，然后放入幼苗，最后再接着倒入培养基使其覆盖幼苗根部。完成后把花盆放入液肥盆。

小便笺

制作水耕栽培装置时，使用花盆来代替塑料菜篮。使用花盆时，需要用电烙铁或者热切刀在盆底开一些小洞，除此之外的步骤均与制作菜篮式水耕栽培装置（参照第41页）一样。

2

用砖头加固

盆内液肥保持在1cm深。大约两周后，幼苗就会逐渐长大，花蕾和花的数量也会变多。这时的幼苗容易被风吹倒，压坏花蕾，所以需要压一块砖头在花盆上用于加固。

小便笺

加固的同时也要安放一个支撑架。

水茄与长茄首先成熟

　　大约1个月后，水茄与长茄首先成熟。左图可能较难分辨，但这时茄子的叶子已经长到人手掌大小的两倍了，液肥的消耗也随之剧增。

注意及时补给液肥

　　天气炎热时，即使早上加满液肥，没到傍晚液肥就没了，茄子的叶子全都蔫了。像茄子这种叶片较大的植物经常会出现这种情况。所以我们要善用自动供水瓶（参照第43页）进行液肥补给。

只要及时补充液肥，约3个小时后蔫了的叶子就会重新焕发生机。

矮茄成熟

　　矮茄成熟的时间比长茄与水茄晚10日。趁茄子还未成熟时收获，茄子的肉质会更加柔软，吃起来也更加美味、可口。茄子成熟之后，外皮就会逐渐褪去光泽，味道也会渐渐发生变化，建议尽早收获。

享受收获的乐趣

　　茄子的收获期会一直持续到9月下旬。茄子90%以上都是水分。虽然茄子喜日照，但是抗旱性很弱，所以要注意及时补充液肥。

上图中的长茄有20cm长。我把它做成了米糠酱茄子。

黄瓜

黄瓜的生长速度非常快，假如使用水耕栽培法，只需要3周的时间，就能在饭桌上享用新鲜的黄瓜。只要种植两株黄瓜，就可以在它成熟后每天都收获不少黄瓜。

栽培小便笺

从市面上买回黄瓜幼苗之后，就可以在自家的阳台开始水耕栽培了。这里我做了一点改良，使用冷藏袋代替液肥盆进行栽培。冷藏袋十分适用于栽培绿色攀藤植物。下雨时，只要合上冷藏袋，就能为植物遮风挡雨。

1

把菜篮式水耕栽培装置放入冷藏袋

使用超市买回来的便宜冷藏袋代替菜篮式水耕栽培装置中的液肥盆（参照第41页）。首先，将幼苗移植到菜篮里。然后再把整个菜篮式水耕栽培装置放入冷藏袋。最后往冷藏袋内倒入液肥。

小便笺

在冷藏袋一侧的中央部位开一个供藤蔓伸出的洞。培养基的比例与倒入方法可以参考菜篮水耕栽培装置。

2

让藤蔓伸出冷藏袋

移栽时，让藤蔓以及藤蔓上的所有叶子都从冷藏袋侧面开出的洞伸出去。然后把冷藏袋合上，不要让液肥接受日照。这样不仅能够遮光，又可以防止雨水渗入。最后，将冷藏袋放在空心砖上。

小便笺

将冷藏袋放在空心砖上可以避开地上的爬虫，起到防虫作用。

3

让藤蔓攀爬到网上

待藤蔓长大后，让它们攀爬到爬藤网上继续生长。随着黄瓜的叶子逐渐变得茂密，液肥的消耗量也会剧增，需要及时补充液肥。

4

检查根的情况

打开冷藏袋，可以看到黄瓜瓜藤的根须在袋子底部蔓延。根须在袋底吸收液肥获得营养，瓜藤的叶子越来越茂密，还开出了许多黄色的雄花。瓜藤上也开出了不少雌花，雌花结出的果实就是黄瓜。

5

收获

大约3周，就会迎来黄瓜的第一次收获期，而且收获期会持续一段时间。一株瓜藤有时甚至能收获50根黄瓜。

专栏

让瓜藤在地面攀爬

如果觉得立爬藤网费事，也可以直接让瓜藤在地面攀爬。虽然这样结出来的黄瓜外形比较寒碜，但并不影响它的美味。

让瓜藤在水泥地上攀爬也没问题。

木瓜

我从冲绳买回来的木瓜中取出种子，打算在自家尝试栽培木瓜。
不知道我家能否种出属于亚热带水果的木瓜呢？

栽培小便笺

夏天吃木瓜时，我突然想到，能不能用水耕栽培法种出木瓜呢？于是，吃完之后我就留下了种子。待种子干燥后，我就开始栽培，结果成功种出木瓜。

营养小便笺

木瓜富含木瓜蛋白酶。此外，木瓜的维生素C含量几乎可以与柠檬匹敌。

播种

取出100粒左右的种子，放在阴凉处干燥2~3日。然后在沥水筛内铺上一层过滤网袋，倒入培养基。在培养基上撒下种子后，再在种子上覆盖一层培养基。接着浇水直至培养基表面全部湿润。之后只要每日浇水，保证水分充足即可。

播种约20日后，就可以看到种子相继发芽。但有些种子要发芽可能需要1个月以上的时间。

移栽

待嫩芽长大后，就将它移栽到从市面上买回来的花盆里。培养基使用椰壳纤维与泥炭藓的混合物。然后将整个花盆放入液肥盆，液肥盆里的液肥维持在1cm左右深。

小便笺

事先在花盆的底部与接近底部的位置用电烙铁或者热切刀开一些小洞。然后在盆内铺上一层过滤网袋，倒入培养基，放入幼苗，最后再用培养基覆盖住幼苗的根部。

3

越冬

对生长在亚热带环境中的木瓜来说，寒冷是最大的敌人。因为马上就是冬季了，我就把木瓜搬到室内越冬。靠近窗口部分的叶子由于气温过低慢慢变色凋落了。现在，木瓜的茎干已经长到了80cm高，于是，我就把它移植到更大的花盆里。

小便笺

花盆上同样要开一些供木瓜吸收液肥用的小洞（参照第98页）。液肥盆里的液肥仍旧维持在1cm深。

4

移至室外

等到第二年气温变暖时，木瓜的茎干已经长到160cm左右高了。室内容纳不下，我只好将它移至室外。想不到木瓜长得更快了，叶子都长到40cm左右长了。

5

开花

入秋后，木瓜开花了，然后结出了果实。右图可以明显看到，花落之后留下的花萼中结出了果实。

剥开花萼就能看到木瓜的果实。

6

结果

经过调查得知，我种的这个木瓜的品种叫作夏威夷单果木瓜，这种木瓜只会在靠近根部的地方结出一个果实。结出的木瓜大小大约是鸡蛋的两倍，叶子则有人的手掌那么大。

没想到能用家庭园艺花盆种出这么粗的树干。大家可以同上图中的砖头对比一下。

小萝卜（二十日萝卜）

小萝卜的叶子可以食用。正如它的别名二十日萝卜一样，生长速度快是它的特征之一。

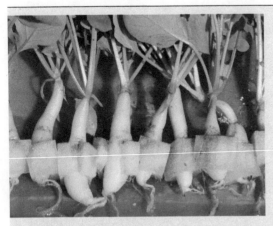

栽培小便笺

我种过许多次小萝卜，但这次播种正值寒冷的元旦当天。因此，需要将沥水盆放入保温装置（参照第124页）内，让它浮在温水上，用这个方法来保温。小萝卜成熟需要1~2个月。

营养小便笺

小萝卜富含消化酶、蛋白酶、脂肪酶及叶酸。

播种	发芽	移栽	成熟
适宜温度 15~25℃	约7日	约7日	30~60日

1

播种，等待发芽

在海绵块（参照第24页）上播种，等待发芽。大约两周后，待幼苗长出两个嫩芽，就将它做成茶包幼苗，移栽至水耕栽培层（参照第27页）内。

在一次性塑料杯底部开几个小洞，然后在杯内铺上一层过滤网袋，再把茶包幼苗放入杯中，最后倒入培养基填满幼苗周围的空隙。

2

成熟

虽然小萝卜别名是二十日萝卜，但不一定20日就能成熟，移栽1~2个月后才可以收获。收获的小萝卜的长度在8~10cm。

红色小萝卜的栽培方法也是一样的。成熟的小萝卜把海绵块撑破了。

抱子甘蓝

抱子甘蓝含有大量的维生素 C，而且其外形十分独特，茎的部位会长出许多球形小叶。抱子甘蓝喜冷凉气候，耐寒性强，适宜在寒冷季节栽培。

移栽 ▶ 成熟

约200日

栽培小便笺

把抱子甘蓝的幼苗移植到菜篮里时，它就已经是"头重脚轻"的情况了。我只好把塑料杯纵切成两半，用它们来支撑抱子甘蓝。随着茎逐渐变长，其周围开始长出嫩芽，最后嫩芽长成了小叶球形状的卷心菜。抱子甘蓝的成熟期为半年左右。

营养小便笺

抱子甘蓝不仅富含维生素A、维生素C、维生素E等多种维生素，还含有镁、钙等多种矿物质。此外，其还含有大量膳食纤维，是营养丰富的健康蔬菜。

移栽至水耕栽培装置

九月初我购买了抱子甘蓝的幼苗，然后把它移栽至菜篮式水耕栽培装置（参照第41页）中。培养基使用椰壳纤维与蛭石粉的混合物。为了防止幼苗倾倒，可以用较大的塑料杯作为支撑。

小便笺

液肥盆里的液肥保持在 1cm 左右深。把抱子甘蓝放置于日照充足的通风处是栽培的关键。

成熟

抱子甘蓝会长至 60~70cm 高，届时栽培装置有可能会出现倒塌的情况。为了防止植株倾倒，可以在液肥盆上放置重物以稳固植株。抱子甘蓝长到左图中大小后，再等待一周就可以收获了。

小便笺

为了防止抱子甘蓝倾倒，除了放置重物固定以外，还可以用绳子轻轻绑住茎的顶部并将其悬挂起来，以减轻压力。

长得更快! 色泽更好!

使用简易塑料棚的

室外栽培

当你开始水耕栽培时, 会发现蔬菜成熟之后比你想象的还要大」在阳台上或者院子里栽培的蔬菜不仅生长快, 而且色泽十分好。但是, 如果没有一个遮挡风雨的屋顶, 雨水就会渗进液肥。解决这个问题的办法就是搭建一个简易的塑料棚。接下来, 我给大家介绍一下如何搭建一个简易的塑料棚。

室外栽培与室内栽培的区别

首先, 我们来看看室外栽培与室内栽培的蔬菜在生长方面有怎样的区别。以下是在同一天进行移栽, 且生长天数也相同的庭园生菜及紫散叶生菜, 我们来比较一下二者的生长情况。两张图中左边的蔬菜均为室外栽培, 右边的蔬菜是室内 (窗台) 栽培。我们可以看出, 室外栽培的蔬菜长得更快, 而且色泽也更好。

庭园生菜, 室外 (左), 室内 (右)。

紫散叶生菜, 室外 (左), 室内 (右)。

搭建简易塑料棚

园艺市场售卖的塑料棚价格一般是4000~5000日元（译者注：折合人民币250~300元），在同等尺寸的塑料棚中算是比较便宜的。搭建塑料棚时，一定要记得用砖头等重物压住塑料棚的底部。假如没有重物加固，塑料棚很容易被强风吹倒。遇上台风天气时，要把水耕栽培层移入室内，并取下塑料罩。

在塑料棚内摆放水耕栽培层时，需要记住几个要点。摆放在塑料棚上层时，水耕栽培层要尽量往里靠；摆放在中层时，水耕栽培层要摆放在中央位置；摆放在下层时，要让水耕栽培层尽量往外靠。这样就能最大限度地减少遮挡面积，使每个水耕栽培层都能获取充足的日照。此外，叶片较小的蔬菜水耕栽培层可以摆放在塑料棚上层，叶片茂密的摆放在下层。

搭建有水耕栽培层的塑料棚。可以看到塑料棚底部用了一块空心砖加固。

台风来临时，取下塑料罩，只留下支架与加固的重物。

上层的水耕栽培层往里靠，下层的往外靠。

防虫措施

室外栽培不得不考虑采取防虫措施。可以把所有水耕栽培层都放入第48页介绍的防虫舱里，也可以给每一个一次性塑料杯都套上透明的网袜。采用透明网袜防虫时，可以根据幼苗的生长情况对其松紧进行调节，但透明网袜仅适用于植株较小的阶段。

一般采用的是防虫舱。

透明网袜的防虫效果也十分显著。

可以根据幼苗的生长情况调节透明网袜的松紧。

避暑措施：遮光布

蔬菜栽培最大的敌人是夏季强烈的阳光与冬季的严寒。我们可以购买市面上出售的遮光布来遮挡阳光。在塑料棚顶部以及向南面挂上遮光布即可遮挡阳光。还可以裁剪一部分遮光布挂在防虫舱外面来遮挡阳光。也可以考虑在空调房里进行栽培。

在塑料棚顶部以及向南面
挂上遮光布。

在防虫舱外面挂上遮光布。

防寒措施：鱼缸加热棒

接下来是防寒措施。可以使用鱼缸加热棒与氧气泵来保证塑料棚内的温度。这样，即便是在冬天，也能令塑料棚内的温度维持在适宜栽培蔬菜的水平。气温降到10℃以下时，就可以使用这个保温装置。

在塑料棚最底层放一个下图所示的水产盆，并且往里面倒满水。然后放入鱼缸加热棒（150W），使水变暖。水温维持在25~30℃，关上塑料棚。这时，塑料棚内的温度就会变得比外边的温度高4~10℃。而且，氧气泵使水不断流动，使水产盆里的水能一直保持同样的温度（缺少氧气泵，就只有鱼缸加热棒周围的水会变暖）。

当水温与空气的温差过大时，水就会慢慢蒸发，水产盆里的水位就会下降。这时，只需把水加满就好。当水产盆内长出青苔时，换水或用海绵清洗即可。

往水产盆里倒满水，然后用鱼缸加
热棒使水变暖。

关上塑料棚后，棚内就会逐渐温暖起来。但与此同时，棚内的湿气也会加重，甚至会在塑料棚上形成水滴。因此，在室外气温较高的白天，要把塑料棚打开，使棚内的湿气得以挥发。

关上塑料棚后，会加剧棚　　　　在室外气温较高的白天，
内外的温差，使棚内湿气加重。　要把塑料棚打开，使棚内的湿
　　　　　　　　　　　　　　　气得以挥发。

我居住的神奈川县气候还算温暖，但有时冬天早晨的气温也会降到0℃以下。在这样的寒冬中，如下图所示，只要把水温恒定在30℃，塑料棚内的温度就会保持在8℃左右，与室外相差整整10℃。

室外温度是 -2℃。　　　　塑料棚内的温度是8℃。

利用保温装置催芽

天气寒冷时，撒在海绵块上的种子很难发芽。这时，我们就可以利用塑料棚内的保温装置让种子尽快发芽。把海绵块幼苗放入带有盖子的白色塑料容器内，盖上盖子，然后将容器放入水产盆中，使它浮在水面上，这样就能借助水温让种子尽快发芽。

保温装置上漂浮着一个白　　　　多亏这个保温装置，种子
色塑料容器。　　　　　　　　　顺利发芽了。

后记

真想每天都能吃到新鲜的生菜

我现在的博客名字是"生菜想吃就吃"，但在一开始，我的博客名字是"真想每天都能吃到新鲜的生菜"。我是抱着一年四季都能吃上便宜又健康的生菜这个目标开始进行水耕栽培的，所以当初才会给博客起这个名字。

无论是露天栽培还是水耕栽培，许多人的栽培首选都会是生菜。但是，一年四季都能种出生菜的人可不多。于是，我就想要挑战一下栽培生菜。在能够生食的蔬菜中，生菜比卷心菜更容易栽培。

就这样，我在没有参考任何园艺书籍的情况下，开始了水耕栽培挑战。

当时用来栽培生菜的工具就是B5纸张大小的沥水盆和沥水筛，直到现在我也还在用它们栽培各种蔬菜。沥水盆和沥水筛这套工具，仿佛就是栽培生菜的田地。在我居住的神奈川县，适合栽培生菜的季节是春秋两季。但是只要有五六片这样的"小田地"，就能随时栽培生菜。

然而，并不是一年四季都能成功栽培生菜。

第一个难题就是如何让生菜撑过寒冷的冬天。于是，我想出了一个办法。那就是搭建一个简易塑料棚，然后利用鱼缸加热棒使水产盆中水变暖，从而就能保证棚内的温度不至于过低。

解决了冬天的难题，接下来就是让人头疼的夏天了。

大家应该都知道，夏季很难买到叶菜类蔬菜，而生菜又是耐热性较差的叶菜类蔬菜。夏季的生菜一般都先是在凉爽的高原地区栽培，成熟之后再运往各地市场售卖。

如何才能在炎热的夏季种出生菜，这是我要解决的一个问题。当然，只要将室内空调设定在17~20℃，就能在夏季创造出适宜栽培生菜的环境。虽然这个办法解决了夏季栽培生菜的问题，但是它与我的水耕栽培理念背道而驰。我的水耕栽培目标是要种出既便宜又健康的蔬菜。

经过多次失败与反复尝试，我找到的办法就是，在气温逐渐升高之前，把生菜培育到可以收获的成熟阶段。这样一来，就无须在炎热的夏季进行播种与移栽，只要在夏季来临前，把生菜培育到即将成熟的阶段就可以了。当然，你也可以选择在夏季栽培散叶生菜这类耐热性强的生菜品种。

失败与改良

就这样，"生菜想吃就吃"的目标实现了。但是，实现目标的过程也不是一帆风顺的。

曾经有一次，我好不容易栽培成熟的生菜被害虫啃掉了大半，不得已只能放弃栽培。当时，我都已经心灰意冷了。但冷静一想，我不能就这么认输。于是，我就想出了制作防虫舱这个装置。使用洗衣袋与折叠式脏衣篓就能实现物理防虫。超大号洗衣袋与折叠式脏衣篓都能在各大超市买到，而且价格低廉。防虫舱这个设计不仅得到了外界的认可，而且我还为它申请了专利。

面对每一次失败，我都会寻找解决问题的办法。而且，我这个人比较懒，总是会从方便、快捷、省事的方面去思考解决办法。于是，在这个过程中，各种各样奇特的点子就冒了出来。

其中最实用的点子就是茶包式水耕栽培法。本书介绍的各种蔬菜的水耕栽培中，很大一部分都使用了茶包式水耕栽培法。

春天是园艺的季节。每年这个时候，就会看到许多人兴冲冲地从园艺市场买回各种菜苗。然而，他们真的能够如他们所想的那样栽培成功吗？假如没有庭院，或者住在高层公寓的人想要栽培蔬菜，首先就要准备好几个花盆以及5~10kg重的土壤与肥料。栽培的方法也十分复杂。

反观茶包式水耕栽培法，一个水耕栽培层的重量仅仅只有500g，栽培方法也十分简单。栽培包括生菜在内的大部分叶菜类蔬菜，将幼苗移栽到水耕栽培层后，要做的也就剩下补充液肥与收获这两件事。

我之所以想到这个办法，是受到挂耳式咖啡的启发。当看到广告中热水慢慢倒入挂在咖啡杯边缘的滤袋时，我就在想，能不能把这个应用于水耕栽培呢？

就这样，我开始关注身边触手可及的东西，思考怎样将它们应用到水耕栽培上。这也许就是"简单水耕栽培"最有意思的地方吧。

一连串的水耕栽培试验，其实也是我寻找合适的栽培土与培养基的过程。一开始，我使用的培养基是蛭石粉。我用蛭石粉栽培过各种各样的蔬菜。

蛭石粉非常适合用作水耕栽培的培养基，但是风一吹，干燥的蛭石粉就会四处飞舞，容易弄脏房间。有没有能够代替蛭石粉的培养基呢？我一边反复试验，一边寻找更加合适的培养基。直到2014年，我仍然使用以蛭石粉为主的培养基栽培蔬菜。

　　某些地区规定不可以把家庭菜园的土壤（包括蛭石粉）当作垃圾丢弃。考虑到这一点，我才开始使用椰壳纤维与泥炭藓的混合物作为培养基。椰壳纤维与泥炭藓都属于可燃垃圾，方便清理。然而，我又开始思考了，可不可以不使用培养基进行栽培呢？

　　如果连培养基都不需要，那该多轻松啊。受到这个懒人想法的影响，我开始尝试不使用培养基栽培生菜。

　　结果令我吃惊的是，不使用培养基也能种出同样新鲜的生菜。

　　无须使用任何土壤以及培养基，只要有茶包、过滤网袋、不织布片就能成功栽培包括生菜在内的各种叶菜类蔬菜。

　　这才是真正的无土水耕栽培。

　　似乎我的水耕栽培试验可以告一段落了。但说实话，我仍旧觉得试验还在进行中。本书介绍的军舰寿司式水耕栽培法与零水位自动供水瓶就是我最近 3 年内想出来的点子。

　　每天新鲜采摘的生菜是最美味的。现在，除了叶菜类蔬菜之外，我还栽培了一些瓜果以及根茎类蔬菜。看着自己亲手播种的果蔬生长是一种乐趣，自己亲手栽培出来的果蔬，想必也别有一番风味。水耕栽培的乐趣，正等待你去发掘。

——"懒人大爷"　伊藤龙三